"十四五"时期国家重点出版物出版专项规划项目

京津冀水资源安全保障丛书

京津冀外调水供水潜力及其水资源高效利用研究

门宝辉　李扬松　吴智健　张爱静　等　著

科学出版社

北　京

内 容 简 介

本书面向京津冀协同发展的国家发展战略，梳理了南水北调受水区京津冀的气候变化、水文情势以及水资源现状；在厘清南水北调水源区丹江口水库入库径流特征的基础上分析了丹江口水库的可调水量，提出了基于对冲规则的调度方案；通过构建"三生"需水预测的水资源优化配置模型剖析了有无外调水对北京当地供水格局的影响，针对南水北调中线水作为密云水库入库水源的新情况，采用对冲理论解析了目前密云水库的运行方式是一种以调水成本的增加来降低未来缺水风险的对冲行为；并采用对冲规则对天津市水资源高效利用进行了研究。全书形成了一套考虑水源区和受水区的外调水与当地水对冲平衡机制及其水资源高效利用研究的技术体系。

本书可作为水利（水务）、水文水资源、外调水工程等规划设计与科研等部门的科技工作者、规划技术与管理人员的参考用书，也可供高等院校相关专业教师和学生参考阅读。

审图号：GS 京（2024）0525 号

图书在版编目（CIP）数据

京津冀外调水供水潜力及其水资源高效利用研究／门宝辉等著. —北京：科学出版社，2024.3

（京津冀水资源安全保障丛书）

"十四五"时期国家重点出版物出版专项规划项目

ISBN 978-7-03-078257-1

Ⅰ. ①京… Ⅱ. ①门… Ⅲ. ①水资源管理–研究–华北地区

Ⅳ. ①TV213.4

中国国家版本馆 CIP 数据核字（2024）第 058286 号

责任编辑：王 倩／责任校对：樊雅琼
责任印制：徐晓晨／封面设计：无极书装

科 学 出 版 社 出版

北京东黄城根北街 16 号
邮政编码：100717

http://www.sciencep.com

北京中科印刷有限公司印刷
科学出版社发行 各地新华书店经销

*

2024 年 4 月第 一 版 开本：787×1092 1/16
2024 年 4 月第一次印刷 印张：12 1/2
字数：300 000

定价：178.00 元
（如有印装质量问题，我社负责调换）

"京津冀水资源安全保障丛书" 编委会

总　　序

京津冀地区是我国政治、经济、文化、科技中心和重大国家发展战略区，是我国北方地区经济最具活力、开放程度最高、创新能力最强、吸纳人口最多的城市群。同时，京津冀也是我国最缺水的地区，年均降水量为 538 mm，是全国平均水平的 83%；人均水资源量为 258 m³，仅为全国平均水平的 1/9；南水北调中线工程通水前，水资源开发利用率超过 100%，地下水累积超采 1300 亿 m³，河湖长时期、大面积断流。可以看出，京津冀地区是我国乃至全世界人类活动对水循环扰动强度最大、水资源承载压力最大、水资源安全保障难度最大的地区。因此，京津冀水资源安全解决方案具有全国甚至全球示范意义。

为应对京津冀地区水循环显著变异、人水关系严重失衡等问题，提升水资源安全保障技术短板，2016 年，以中国水利水电科学研究院赵勇为首席科学家的"十三五"重点研发计划项目"京津冀水资源安全保障技术研发集成与示范应用"（2016YFC0401400）（以下简称京津冀项目）正式启动。项目紧扣京津冀协同发展新形势和重大治水实践，瞄准"强人类活动影响区水循环演变机理与健康水循环模式"，以及"强烈竞争条件下水资源多目标协同调控理论"两大科学问题，集中攻关 4 项关键技术，即水资源显著衰减与水循环全过程解析技术、需水管理与耗水控制技术、多水源安全高效利用技术、复杂水资源系统精细化协同调控技术。预期通过项目技术成果的广泛应用及示范带动，支撑京津冀地区水资源利用效率提升 20%，地下水超采治理率超过 80%，再生水等非常规水源利用量提升到 20 亿 m³ 以上，推动建立健康的自然–社会水循环系统，缓解水资源短缺压力，提升京津冀地区水资源安全保障能力。

在实施过程中，项目广泛组织京津冀水资源安全保障考察与调研，先后开展 20 余次项目和课题考察，走遍京津冀地区 200 个县（市、区）。积极推动学术交流，先后召开了 4 期"京津冀水资源安全保障论坛"、3 期中国水利学会京津冀分论坛和中国水论坛京津冀分论坛，并围绕平原区水循环模拟、水资源高效利用、地下水超采治理、非常规水利用等多个议题组织学术研讨会，推动了京津冀水资源安全保障科学研究。项目还注重基础试验与工程示范相结合，围绕用水最强烈的北京市和地下水超采最严重的海河南系两大集中示范区，系统开展水循环全过程监测、水资源高效利用以及雨洪水、微咸水、地下水保护与安全利用等示范。

经过近 5 年的研究攻关，项目取得了多项突破性进展。在水资源衰减机理与应对方面，系统揭示了京津冀自然–社会水循环演变规律，解析了水资源衰减定量归因，预测了未来水资源变化趋势，提出了京津冀健康水循环修复目标和实现路径；在需水管理理论与方法方面，阐明了京津冀经济社会用水驱动机制和耗水机理，提出了京津冀用水适应性增长规律与层次化调控理论方法；在多水源高效利用技术方面，针对本地地表水、地下水、非常规水、外调水分别提出优化利用技术体系，形成了京津冀水网系统优化布局方案；在水资源配置方面，提出了水–粮–能–生协同配置理论方法，研发了京津冀水资源多目标协同调控模型，形成了京津冀水资源安全保障系统方案；在管理制度与平台建设方面，综合应用云计算、互联网+、大数据、综合集成等技术，研发了京津冀水资源协调管理制度与平台。项目还积极推动理论技术成果紧密服务于京津冀重大治水实践，制定国家、地方、行业和团体标准，支撑编制了《京津冀工业节水行动计划》等一系列政策文件，研究提出的京津冀协同发展水安全保障、实施国家污水资源化、南水北调工程运行管理和后续规划等成果建议多次获得国家领导人批示，被国家决策采纳，直接推动了国家重大政策实施和工程规划管理优化完善，为保障京津冀地区水资源安全做出了突出贡献。

作为首批重点研发计划获批项目，京津冀项目探索出了一套能够集成、示范、实施推广的水资源安全保障技术体系及管理模式，并形成了一支致力于京津冀水循环、水资源、水生态、水管理方面的研究队伍。该丛书是在项目研究成果的基础上，进一步集成、凝练、提升形成的，是一整套涵盖机理规律、技术方法、示范应用的学术著作。相信该丛书的出版，将推动水资源及其相关学科的发展进步，有助于探索经济社会与资源生态环境和谐统一发展路径，支撑生态文明建设实践与可持续发展战略。

2021 年 1 月

前　　言

我国水资源总量丰富，淡水资源总量仅次于巴西、俄罗斯和加拿大，但人均水资源较少，约为世界平均水平的1/4，是世界13个水资源最贫乏的国家之一。我国水资源时空分布不均，旱涝灾害频发，许多城市或地区水污染严重、土壤盐碱化和地下水过度开采等问题严重，随着我国经济社会的快速发展，许多城市或地区的当地水资源不足以满足需水，水资源供需矛盾较为突出，目前，全国约有2/3的城市缺水，缺水城市中约有1/4属于严重缺水，水资源短缺问题已成为制约我国经济社会发展的重要因素。由于我国水资源分布不均，为了更好地解决城市或地区的供水问题，国家实施了水网工程，修建了诸多调水工程，如南水北调工程、引黄济津工程、引滦入津工程、引黄济青工程等，水资源可通过这些调水工程从丰水地区调至枯水地区，一定程度上缓解了城市或地区的缺水程度。外调水进入受水区后一定程度上缓解了城市或地区的水资源短缺问题，然而，仍存在发生缺水的可能：由于来水的不确定性，有可能出现外调水受水区和水源区同枯的情形，此时，在后期受水区将面临严重的缺水；由于供水管网造价高昂等因素，外调水进入受水区后可能仅供受水区内部分地区，在干旱期，没有外调水源或外调水源较少的地区或将面临严重缺水。由于外调水受水区水源的多样性、供水网络的复杂性，在干旱期，受水区内不同地区间的供需水情况可能具有一定差异，仅从受水区需水总量和供水总量上研究其需水满足程度的结果比较粗糙，且往往与实际情况具有一定差距。由于严重缺水事件的破坏性大、损失大，因此，在干旱期，需要对受水区内不同地区供需水的情况开展研究，并在此基础上制定合理的供水方案来减小缺水造成的不利影响。

京津冀地区是我国政治、经济、文化与科技中心，是推动国家经济发展的重要引擎，该区域是我国乃至全世界人类活动对水循环扰动强度最大、水资源承载压力最大、水资源安全保障难度最大的地区。近几十年来，京津冀本地和入境水资源均呈现显著衰减的趋势，加之经济社会强劲用水需求和长期超负荷水资源开发利用，造成"有河皆干""湿地萎缩""全球最大的地下水漏斗"等一系列问题。随着京津冀协同发展战略的大力实施、国家经济社会发展新常态的持续推进和南水北调东中线一期工程的相继通水，京津冀地区水资源需求和供给格局正在并将持续发生显著变化，水资源保障也面临着新的形势和挑战。亟须将京津冀作为一个整体，统筹开展水资源高效利用研究，集成研发水资源安全及高效利用的保障技术，协同制定水资源安全的保障方案，整体解决区域水资源安全问题。因此，国家开展了"十三五"重点研发计划项目"京津冀水资源安全保障技术研发集成与示范应用"，其中课题六"京津冀外调水高效利用措施与扩大利用潜力研究"的主要目标为以京津冀协同发展为指导，以京津冀地区水资源安全保障为现实需求，以外调水（南水北调东中线水）、引黄水与当地水（含引滦水等）之间的联动调配调度为基础，研究外调水与当地水之间的对冲平衡机制；在目前南水北调中线工程运行的新形势新环境条件下，研究南水北调中线受水区调蓄潜力与高效利用的机制（包括措施与途径）；在南水北调东线、中线工程后续规划的相关工作基础上，进一步研究东线、中线水高效利用的措施及其扩大调蓄能力的途径；在现行南水北调工程供水格局的条件下，探索京津冀地区外流域水资源扩大利用潜力及其可行性；进而实现不同水质的水源满足不同的用户，优化水资源配置，合理高效利用水资源的目的，从外调水和当地水之间的对冲平衡来提升京津冀水资源多维调控关键技术水平，为该地区水资源安全保障提供科技支撑。

"外调水和当地水的对冲平衡机制及其应用研究"为课题六的第一个专题，该专题立足于京津冀地区水资源供需求的实际问题和外调水的规划、实施和运行情况，主要研究任务为：研究不同水源的对冲平衡机制，明晰和界定不同水源对冲平衡的概念与内涵，根据外调水和当地水水量、水价和需求差异等，制定对冲平衡实施的原则，提出受水区对冲平衡模型方法；研究外调水高效利用的对冲平衡原则与高效利用机制；开展外调水和当地水的对冲平衡实例应用研究，根据南水北调中线工程、引滦工程和京津冀地区的河湖联通现状，在外调水与当地水水量分析的基础上，考虑不同用水户需求、不同水源价格差异，建立引江水（南水北调中线水）和当地水（引滦水）的对冲平衡机制，促进水资源高效利用和良性循环；研究南水北调中线调蓄能力，在对冲平衡模型的基础上，构建多库联合优化调配模型。

本书是在"外调水和当地水的对冲平衡机制及其应用研究"专题研究成果的基础上增加并丰富相关内容撰写而成的。全书共10章。其中，第1章、第3章、第4章、第6章、第10章由门宝辉、刘灿均、刘菁苹、张腾撰写，第2章、第9章由李扬松、张腾、潘慧民撰写，第5章、第7章、第8章由吴智健、张爱静、袁田撰写。全书由门宝辉统稿。

感谢中国水利水电科学研究院、水利部南水北调规划设计管理局的大力支持，其为研究工作的开展创造了良好的条件并提供了有力保障；感谢水利部海河水利委员会科技咨询中心、河北省水利水电第二勘测设计研究院的积极配合、及时沟通和交流，其为相关研究提供了切实可靠的资料，保证了研究工作的顺利进行。

本书得到国家重点研发计划课题"京津冀外调水高效利用措施与扩大利用潜力研究"（2016YFC0401406）第一专题"外调水和当地水的对冲平衡机制及其应用研究"的资助，在此表示衷心的感谢！

鉴于对冲理论在水资源领域应用的复杂性，其模型和方法仍需进一步深入研究，加之作者认识水平有限，书中难免存在疏漏和不足之处，敬请读者批评指正。

作　者

2023 年 5 月

目　　录

第1章　绪论 ··· 1

　　1.1　背景及意义 ··· 1

　　1.2　国内外研究进展 ··· 4

　　1.3　研究目标及研究内容 ·· 10

　　1.4　研究方法及技术路线 ·· 11

第2章　研究区概况 ··· 14

　　2.1　自然地理概况 ·· 14

　　2.2　水库概况 ··· 21

　　2.3　引调水工程概况 ·· 24

　　2.4　社会经济概况 ·· 27

第3章　气候变化 ·· 29

　　3.1　数据资料与研究方法 ·· 29

　　3.2　降水量 ·· 36

　　3.3　气温 ·· 44

　　3.4　蒸散发 ·· 51

　　3.5　小结 ·· 56

第4章　水文情势及水资源变化 ··· 58

　　4.1　数据资料与研究方法 ·· 58

　　4.2　水域概况 ··· 58

　　4.3　径流情势 ··· 60

　　4.4　水资源变化 ·· 63

　　4.5　小结 ·· 69

第5章　丹江口水库入库径流的特征分析 ·· 70

　　5.1　数据资料与研究方法 ·· 70

　　5.2　入库径流的年际和年内变化特征 ·· 72

　　5.3　入库径流序列的趋势性特征 ··· 73

　　5.4　入库径流序列的丰枯变化特征 ·· 75

　　5.5　小结 ·· 79

第 6 章　外调水供水潜力分析 ·· 81
　　6.1　数据资料与研究方法 ·· 82
　　6.2　丹江口水库可调水量分析 ···································· 83
　　6.3　对冲规则 ··· 94
　　6.4　基于对冲规则的丹江口水库调度方案 ······················ 101
　　6.5　中线工程沿线调蓄水库的供水潜力分析 ···················· 107
　　6.6　小结 ··· 121
第 7 章　外调水对北京当地供水格局的影响 ····················· 122
　　7.1　数据资料与研究方法 ······································· 122
　　7.2　供需水量预测 ··· 126
　　7.3　水资源优化配置模型的构建及求解 ························· 128
　　7.4　结果分析 ··· 131
　　7.5　小结 ··· 133
第 8 章　对冲理论在密云水库调度中的应用 ····················· 135
　　8.1　数据资料与研究方法 ······································· 135
　　8.2　结果分析与讨论 ··· 137
　　8.3　小结 ··· 143
第 9 章　天津市的水资源高效利用 ····························· 145
　　9.1　数据资料与研究方法 ······································· 145
　　9.2　水资源高效利用的内涵 ····································· 146
　　9.3　基于对冲规则的天津市水资源高效利用 ···················· 147
　　9.4　小结 ··· 167
第 10 章　结论与展望 ·· 168
　　10.1　结论 ·· 168
　　10.2　展望 ·· 170
参考文献 ··· 172
附录 ··· 181

|第 1 章| 绪 论

1.1 背景及意义

1.1.1 研究背景

随着京津冀地区城市的不断发展，淡水、粮食等资源的需求量不断加大，进而区域水资源供需矛盾日益加剧。我国水资源具有"南方多、北方少，汛期多、枯水期少，总量多、人均少"的特点，水资源分布与我国土地资源、经济布局不相适应，水资源短缺，水资源供需矛盾突出，水生态环境恶化成为我国北方地区经济社会可持续发展的瓶颈（张利平等，2009）。京津冀地区作为我国政治、经济、文化与科技中心，近几十年来，该地区的本地和入境水资源均呈现显著衰减的趋势，再加上经济社会强劲用水需求和长期超负荷开发利用，造成"有河皆干""湿地萎缩""全球最大的地下水漏斗"等一系列问题（伍玉良，2018）。不过伴随京津冀地区开始协同一体化发展，以及南水北调东中线工程的相继通水，京津冀地区的水资源状况发生持续性的显著变化，同时也对供水安全提出了新的挑战。

为了缓解我国北方地区水资源严重短缺、水生态环境恶化的局面，规划实施了南水北调跨流域调水工程，通过跨流域的调水工程对水资源进行再次分配，保障北方地区经济、社会与人口、资源环境的可持续发展。南水北调中线工程作为长距离跨流域的调水工程，从汉江的丹江口水库取水，途经河南、河北两省，最终到达北京和天津两市，为沿线地区提供生产和生活用水，兼顾部分地区的农业和生态用水。中线一期工程多年平均调水量为95 亿 m^3，枯水年为 62 亿 m^3，向黄河以北地区多年平均数渠首引水规模为 350 ~ 420 m^3/s，穿黄河工程规模为 265 ~ 320 m^3/s，进北京和天津的规模为 50 ~ 60 m^3/s。

京津冀作为中线工程受水区，地理位置相邻，气候差异不大，水资源体系互联互通。近年来，京津冀地区成为我国水资源最为短缺的地区之一，用不足全国 0.7% 的多年平均水资源量承载了全国约 8% 的人口、6% 的粮食生产和 10% 的 GDP（刘宁，2016）。同时，2016 年京津冀地区统计数据显示，农业部门用水占比超过 50%，但第一产业产值占 GDP

的比例却不足 5%，水资源配置极为不合理。此外，人们开始追求更高质量的生存和生活环境，不仅意味着对水资源需求量的增加，而且意味着对水资源质量要求的提高。京津冀地区过度开发地下水、生态环境用水长期得不到保障等，不科学的用水方式使得水资源短缺不断加剧。同时，我国社会还未形成全民节水意识，用水方式还较为粗放，水资源管理机制也有待进一步完善。因此，在京津冀地区协同发展以及未来经济社会的高质量发展中，水资源问题正在成为该地区发展不可忽视的重要制约要素。

为了从根本上破解我国北方缺水的困局，实现可持续高质量发展，满足未来受水区的用水需求，需要增加中线工程的调水量。中线工程受水区城市的经济建设在北京、天津、河北、河南占有主导地位，近年来用水需求不断增加，受水区人口增长较为迅速，因此，生活需水量也不断增加。另外由于生活水平的提高，人们对生态环境的要求越来越高，未来受水区内的生态环境用水将呈现迅速增长的趋势。根据《南水北调中线工程规划》，中线工程受水区 2030 水平年净缺水 128 亿 m³，为了满足在经济社会不断发展过程中未来的用水需求，在南水北调中线一期工程的基础上，扩大其供水潜力，并在受水区提高中线水的利用效率是一项非常重要的举措，从而充分利用中线工程的供水能力，发挥工程的效益。

1.1.2　研究意义

京津冀地区毗邻渤海，地理位置相接，经济发展优势互补，是中国北方经济规模最大的区域，是我国的"首都经济圈"。京津冀气候特征相近，属于半干旱半湿润地区，同处于一个不可分割、复杂联系的海河流域水系，水资源禀赋同源共生，水资源体系一脉相承，京津冀地区的水资源安全问题关系到首都安全、京津冀协同发展战略以及"千年大计"雄安新区的建设（张蕴博，2018）。然而，京津冀地区也是水资源严重短缺的区域之一，2019 年全国人均水资源量为 2074.53m³，北京为 114.2m³，天津为 51.9m³，河北为 149.9m³，京津冀地区人均水资源量显著低于全国平均，但却承载着全国约 8% 的人口、6% 的粮食生产和 10% 的 GDP。

2020 年京津冀地区统计显示，农业部门用水超过京津冀地区全年用水的 48.25%，而第一产业产值占 GDP 的比例仅为 4.86%。由此可见，京津冀地区在水资源供需配置上存在以下两方面特点：在水资源的供给方面，总体降水量偏少，且不同年份变化较大，总体水资源供给量不足以支撑该地区的生产力布局，区域性缺水、季节性缺水显著，是地下水超采严重的地下漏斗区域；在水资源的需求方面，随着该地区社会经济和人口的增长，用水量在逐年增加，需求持续增长。因此，水资源供需矛盾突出制约着京津冀地区的可持续高质量发展，水资源短缺和配置不合理成为亟待解决的重要问题（杜艳萍等，2020）。

南水北调工程作为迄今为止我国最重要的水资源配置世纪工程，是解决北方地区缺水问题的一项战略性举措，关系到黄淮海地区经济社会和生态环境可持续发展的长远利益。截至 2021 年 7 月 19 日 8 时，南水北调中线一期工程自陶岔渠首累计调水入渠水量达 400 亿 m^3，向河南、河北、天津、北京分别供水 135 亿 m^3、116 亿 m^3、65 亿 m^3、68 亿 m^3。其中，向津冀豫生态补水 59 亿 m^3。南水北调中线工程（以下简称中线工程）已成为京津冀地区及沿线大中城市地区主力水源，直接受益人口增加至 7900 万人，比 2015 年通水 1 周年时的 3800 万人受益人口增加 1 倍多。中线工程通水以来，工程供水由"辅"变"主"，由规划时的受水区沿线大中城市生活用水的补充水源转变为主要水源，改变了京津冀豫受水区供水格局；工程供水目标达效速度由"慢"变"快"，中线工程调水量逐年递增，通水 6 年即达效，2020 年实际供水 86.22 亿 m^3，超过中线工程规划多年平均供水规模；中线工程在优化供水格局的同时，发挥着重要的生态功能，通过生态补水，促进沿线河湖生态持续恢复，水环境持续改善，为淮河、海河、黄河流域河湖水系健康，水生生态系统良性循环，沿线地区特别是华北地区地下水超采综合治理提供了重要支撑（胡敏锐和王旭辉，2021）。新时期南水北调工程也面临更加多样化的新要求，为推进国家发展战略，迫切需要南水北调工程扩大供水能力，优化水资源配置，充分发挥生态补水作用。考虑未来 15～30 年南水北调东线工程和中线工程受水区以及丹江口水源区都将面临巨大的水资源配置压力，且生态环境用水仍存在缺口，南水北调工程应优先考虑增加城市生活供水量并提高供水保证率，充分挖掘工程的调水和供水潜力，着力提升水资源调配能力（许继军，2021）。

在京津冀一体化和协同发展、加快水生态文明建设的新时代背景下，如何有效地应对中线工程通水后的京津冀地区水资源开发利用新情势和利益格局调整新需求，如何稳妥地解决京津冀地区受水区和非受水区水资源配置中的问题及其不利影响，实现以水资源的可持续利用支撑和保障京津冀地区经济社会可持续高质量发展是至关重要的科学和管理问题（丁志宏等，2017）。必须正确认识京津冀地区的水资源现状及其发展趋势，充分发挥中线工程的供水潜力，并通过合理优化配置实现京津冀地区水资源的高效利用。为此，本研究在梳理京津冀地区水资源特征，分析区域气候变化和水文情势的基础上，研究不同调度规则下丹江口水库的北调水量和中线工程沿线调蓄水库供水潜力，并将对冲规则应用于北京密云水库的运行调度以及天津的供水研究，建立水资源高效利用方案并实现方案优化，对新时期南水北调工程科学规划决策、促进京津冀地区保护开发有限的水资源、增加水资源供给、提高水资源利用效率、实现区域经济社会可持续高质量发展具有重要价值和意义。

1.2 国内外研究进展

1.2.1 丹江口水库优化调度研究

我国对丹江口水库调度的研究已经开展多年，而对于其供水调度的研究主要目的是研究北调水量。水库供水调度研究起源于对单一水库的研究，Li 等（2017）假设在不同保证率的入库径流条件下，拟定生态学目标，建立了基于目标规划的改进型水库调度多目标优化模型，提出了丹江口水库目前的防洪重点需要转变为生态供水、调水、下游水安全维护等多项目标。Hsu 等（2012）对供水总量、供水保证率和破坏深度三个指标进行组合，提出了缺水指数的目标函数，并且在供水研究时得到了广泛应用。Khan 等（2012）、Kumar 和 Reddy（2006）则采用约束法，将供水保证率和破坏深度作为约束条件，把水库总供水量最大作为研究目标，对水库供水的问题由多目标简化为单目标进行处理。进入 21 世纪以后，不断发展的智能算法成为直接解决多目标问题的有效工具。多目标进化算法可以同时处理多个目标，得到目标间互为非劣的帕累托（Pareto）前沿解集，便于分析多目标之间的竞争协同关系和制定多目标决策，为水库调度的多目标直接优化提供了有效的计算工具（Manju and Nigam，2014；Fayaed et al.，2013；Zhao et al.，2017）。Kim 和 Heo（2006）经过对不同的进化多目标优化算法进行比较，认为 NSGA-Ⅱ在搜索效率方面具有优越的性能，而且简化了参数化，并具有自适应地调整种群大小和自动终止的能力。另外，在多水库联合调度及供水的研究中应用较多的方法还包括：多目标粒子群优化算法、非支配排序微粒群算法、差分进化算法等（Ismaiylov et al.，2013；Chang et al.，2010）。

丹江口水库作为南水北调中线工程的水源水库，对其优化调度的研究引起了国内外学者的广泛关注。尤其是我国的研究人员对丹江口水库的研究更为突出，并且随着计算机技术的发展，对丹江口水库的研究从对其入库径流的模拟预测发展到对水库调度图的优化。20 世纪 80 年代初，王厥谋（1985）运用系统工程理论对水库的防洪规则进行探讨，提出了既可利用历史洪水模拟调度，又可利用预报洪水实时调度的模型。胡振鹏和冯尚友（1988）研究汉江流域中下游流域的防洪问题时，通过建立动态规划模型，形成一个由预报到决策再到实施的不断前向卷动决策方法，从而获得较优策略。之后，周棣华（1993）利用调度图对丹江口水库的供水和防洪调度进行了细致的研究。罗敏逊（1981）在分析丹江口水库建库后的实际汉水回流、泥沙淤积和山区来水特性总结了水库的水沙特性。随后的研究集中在利用计算机优化算法对丹江口水库的径流进行预测以及对调度图进行改进，包括利用马氏径流判别分析方法对丹江口水库的长期径流进行模拟预测，提高了预测的精度和稳定性（程忠良等，2018）；将统计学中的降尺度法应用到全球气候模式和月水量平衡模型的耦合中，研究丹江口水库在未来气候情景下的径流变化趋势（郭靖等，2008）；顾文权等（2008）通过供水水库来水和用水序列的随机模拟，将供水量最大、弃水量最小设为目标函数，采用自优化模拟技术建立模型，并对计算结果进行供水风险分析，运用于南水北调中线工程水源地丹江口水库的调度。黄燕敏等（2010）构建了丹江口水库年月相结合的水资源调度模型，采用基于反馈修正的等流量方法，实现对水库实时调度过程的模拟；用非支配排序遗传算法对多目标调度函数集进行计算，结合水库调度图得出兼顾丹江口水库供水和发电的多目标水库调度最优策略（杨光等，2015）。银星黎（2019）构建了以水库群发电量最大、丹江口水库陶岔渠首供水量最大、汉江中下游生态流量破坏率最低为目标的调度模型，针对丹江口水库发电流量与供水流量分流的特殊运行方式，提出将水库运行水位与陶岔渠首供水流量共同编码的方式，对汉江中上游水库群中长期优化调度问题进行求解，在兼顾梯级水库群发电效益和汉江中下游生态用水需求的同时，提高了丹江口水库南水北调供水效益，为丹江口水库调度方案编制提供了一种新的思路。彭安邦等（2021）提出了考虑生态补水规则的丹江口水库供水调度模型，利用丹江口水库汛前 3 ~ 6 月通过南水北调中线工程向华北地区进行生态补水，分析了丹江口水库的生态补水规模、补水时机以及与其他供水目标间的竞争与协调关系，认为生态补水与弃水均值和缺水率呈竞争关系。

1.2.2　水资源可持续利用评价研究

1982 年，学者对水资源的可持续利用问题进行整体性解读时指出：20 世纪 60 年代，经济是发展中国家首先考虑的因素，直到 60 年代末，环境问题才被提上政治议程（Biswas and Biswas，1982）。1992 年，联合国召开的环境与发展大会进一步提出水资源可持续发展的意义。1993 年，德国学者 Plate（1993）认为对水资源进行可持续规划时要考虑社会、环境以及经济持续增长的需要。1995 年，冯尚友等（1995）论证了生态、经济与水资源之间的关系，并在此基础上探讨了与水资源持续利用的相关方法和措施。后续根据可持续发展理论，该学者对水资源可持续性存在依据、支持条件和发展模式等进行了探讨，以期寻求一个理论与实践相结合的整体框架（冯尚友和刘国全，1997）。1997 年，Binder 等（1997）对发展中国家城市地区环境问题进行研究后提出采用区域平衡发展的方法对水资源进行管理。

20 世纪 90 年代末，国内外很多学者从对水资源可持续利用的理论研究开始向应用研究转变。到目前为止，关于水资源可持续利用评价的方法类别较多，但至今没有形成统一的标准和公认的方法（董毅等，2019）。最常见的方法包括三部分：建立评价指标体系，确定指标权重，将权重代入评价方法中得出评价结果（Men et al.，2017）。指标体系是评价模型的基础，为了使体系建立过程更加合理规范，一般采用系统层次结构分层进行研究，主要包括目标层、准则层和指标层。目标层为区域水资源的可持续利用水平，是最终想要实现的评价目的；准则层为表征水资源可持续利用特征的宏观性指标，按照划分方式的不同，出现了一系列如社会-经济-生态、压力-状态-响应等分类方法；指标层即为大量可供选择的表征水资源可持续利用水平的具体评价指标（Elliott et al.，2017；Wang and Xu，2015；Jago-On et al.，2009）。

李斯颖和张秀平（2019）从社会、经济、生态、水资源四个维度选取 32 个指标建立水资源可持续利用评价体系，应用层次分析法与熵值法结合求取指标权重，物元理论和主成分分析法确定评价等级对南昌的水资源现状进行评价，结果表明除了 2008 年和 2009 年外，其他年份的可持续利用处于良好水平。杨江州等（2018）结合压力-状态-响应（PSR）结构模型选取了 16 个指标，划分了严重、轻度、中级和良好四个等级，应用熵值法与综合指数法对遵义的水资源可持续利用水平进行评价，结果表明近 12 年遵义的综合指数从轻度上升到了中级水平，2014 年的变化较大。李红薇（2017）应用驱动力-压力-状态-影响-响应（DPSIR）框架模型将水资源可持续利用分为驱动力、压力等五个准则层进行指标的选取，建立了 21 个指标的评价体系，之后应用改进熵值法、变异系数法求取权重后计算综合指数，对松原五个区县的水资源水平进行了评价，结果表明该地区的水资源可持续利用水平整体呈现下降趋势，并且波动较大。

Deng 等（2012）从用水效率、水安全、水量供给和水环境四方面建立了水资源评价体系，应用动态还原法对北京的水资源可持续利用进行综合评价，结果表明北京的水资源状况可能会下降，需要决策者做进一步的规划与管理以解决现状问题。Zhang 等（2019）基于自然-社会属性将水资源评价体系按照水生态、水质、水量和用水的四个角度建立了分布式评价模型，运用层次分析法确定评价指标权重，采用综合指数和模糊识别两种评价方法对京津冀地区的水资源健康情况进行评价，结果表明京津冀的整体得分为 3.33，处于一种亚健康的状态，水资源总量不足仍然是该地区发展的主要问题。Salvati 和 Carlucci（2014）从经济结构、劳动力市场、人口动态、社会特征、农业和环境等角度出发选取了 99 个指标，集成地理信息系统和多元统计数据的方法对意大利可持续发展水平进行了评估。结果表明意大利空间分布复杂，南北梯度明显，地区之间的经济发展路径不同，区域间人口密度、社会发展状况和自然资源等的不均衡为地方可持续性模式指向新的发展道路。Sun 等（2016）基于 DPSIR 框架结构选取了 36 个指标建立了评价体系，应用层次分析法对内蒙古西部的巴彦淖尔进行了水资源评价。结果表明，由于社会、经济发展和居民的消费结构的变化，当地用水的驱动力有所增加。总体上，水系统的压力增加了，而由于驱动因素的增加，在研究期间水资源的状况持续下降。地方政府采取了一系列应对措施，以减轻水资源的减少并减轻需求驱动力增加带来的负面影响。门宝辉等（2018）和刘焕龙（2020）基于 RSWRS 系统建立水资源可持续利用评价体系，结合粗糙集和模糊理论进行指标权重的确定，实现主客观综合赋权。将权重代入系统归纳整理的集对分析方法以获得最终评价结果。在归纳整理过程提出应用可变模糊集理论 S 型函数计算传统集对分析法的综合联系度，实现集对分析的进一步拓展。该方法在京津冀地区均取得了 Spearman 相关系数最高，验证了方法的可行性。将其作为评价结果进行现状及趋势分析，结果表明：京津冀地区的水资源可持续利用水平整体呈现上升趋势，北京的整体状况最好但波动相对较大，天津和河北的波动较小，且天津的状况好于河北。为分析北京市水资源利用现状，门宝辉等（2023）根据社会-经济-生态环境复合系统建立评价指标体系，采用知识粒度和属性重要度方法确定指标权重，基于集对分析和属性识别法定量评价了北京市 2004～2020 年水资源利用的可持续性，对比了不同权重下的评价结果并分析可利用水资源量对可持续性的影响。结果表明：基于知识粒度和属性重要度的赋权方法在评价中具有良好的适用性，不同方法所得评价结果虽略有差异，但整体上体现出的趋势性基本一致，均反映了北京市近 17 年来水资源可持续利用水平逐年提高，呈现良性发展态势。同时，可利用水资源量是影响北京市水资源利用可持续性的重要因素，而南水北调中线工程为保证北京市可利用水资源量提供了有利条件。

1.2.3　水资源配置研究

20 世纪 40 年代，美国学者 Masse 关于水库优化调度的研究为水资源配置拉开了序幕，1950 年，美国发布了一份关于水资源研究综述性报告推进了其发展进程。之后，国内外很多学者开始对水资源配置展开研究。20 世纪 60 年代，水资源配置进入发展阶段，计算机技术、系统分析理论、优化方法逐渐趋于完善（李志林，2018）。1981 年，Watanabe 等将区域活动开展和水环境保护作为配水方案的目标，考虑何时、何地以及如何分配水的问题，进行了动态水资源配置的多目标研究。1987 年，刘昌明和杜伟考虑农作物产量形成受到多种因素的影响，在综合作物生产主要因素的基础上，通过响应、解析与系统优化三方面的分析进行了农作物的水资源配置效果计算。

20 世纪 90 年代，水资源的配置思路及方法趋于多样化，随着社会经济的快速发展暴露出水资源短缺、水质污染等水资源方面的问题，配置目标也从经济效益最大开始向环境效益和水资源可持续发展倾斜，基于多目标优化的水资源配置成为发展主流（Tang，1995）。闫志宏等（2019）为缓解海南三亚市的水资源紧缺局面、提高水资源利用效率，以社会效益和经济效益为目标建立水资源优化配置模型，以期实现水资源的可持续发展。Su 等（2014）为提高农业用水效率和绿色水资源利用比例，建立了农业水资源多目标最优分配模型，使农业的净效益、水利用公平性差异和绿水利用比例得到了优化，为解决石羊河流域缺水问题提供了科学依据。Stamou 和 Rutschmann（2018）通过在可视化条件下对水电和灌溉目标之间进行权衡取舍，帮助决策者了解由于不同管理政策而引起的变化，从而在尼罗河地区实现更高的水资源管理效率。

水资源系统是一个由水资源、社会、经济、生态等构成的复合耗散的巨系统，这些要素之间具有复杂多变、非线性和多重反馈等特点。美国学者 Forrseter（1961）提出的系统动力学理论能够较好地认识和解决这类系统问题，并能分析系统内各要素之间的信息反馈，在水资源研究中得到广泛应用。李韧和聂春霞（2019）通过构建区域水资源配置的系统动力学模型，对新疆乌鲁木齐不同发展方案下 2017～2040 年的用水量进行模拟，并与不同水平年保证率下的供水量进行比较，探讨剩余水量。结果表明低发展和中发展两种发展模式下，乌鲁木齐到 2040 年均存在缺水状况，高发展为最优方案。人口数量减少、经济发展速度降低，水资源利用效率提高是改善乌鲁木齐水资源状况的可行路径。Ravar 等（2020）基于水-食物-能量联系方法应用系统动力学理论建立了一个时空分解仿真模型，以考虑伊朗中部加夫胡尼盆地的生态系统供应服务来评估水和粮食供应安全。结果表明，农业和环境部门提出的联合政策对于改变系统状况和满足 Gavkhuni 湿地环境需求是最有效的。Abadi 等（2015）考虑到水资源管理系统的高度动态性，采用系统动力学 Vensim 软件对伊朗胡泽斯坦省 Karkheh 大坝下游水资源系统的综合可持续性进行研究。通过对不同方案下可持续性指标的评估，结果表明，提高灌溉效率和减少农作物的净需水量是该地区短期和中期发展过程中改善水资源状况的最重要途径。Kotir 等（2016）提出了一个集成的系统动力学模拟模型，以研究西非沃尔特河流域人口、水资源和农业生产部门之间的反馈过程和相互作用，以增进对流域长期动态行为的了解，探索可持续水资源管理和农业发展所必需的合理政策方案。结果表明，现状延续发展情景下，模拟期内的总人口、农业、家庭和工业用水需求将持续增加，水利基础设施发展情景下将为流域居民提供最大利益。

1.2.4 对冲理论在水库调度和水资源配置中的应用研究

对冲规则作为一种起源于金融学的理论，在 1946 年被引入水库供水调度之后，得到了越来越多的关注，其在水资源方面的应用研究也得到不断深入和拓展。对冲是一种以减小收益来降低风险的操作，即在现货市场和期货市场同时进行两笔行情相关、方向相反、数量相当、盈亏相抵的交易，既减小未来可能的收益，又减小未来可能的损失，降低了损失的风险，这种操作称为"对冲"（Shih and ReVelle，1995）。水库调度，尤其是供水水库调度的研究中，基于对冲规则的水库调度通常用来与标准调度规则（standard operation policy，SOP）进行对比。由于在水库供水的过程中，用水户会追求效益的最大化，在水库能保证用水需求的情况下尽可能保证用水需求得到满足，往往忽视了未来来水少时可能会造成的缺水损失，这就是标准调度规则：当该时段水库供水量大于需水量时则按需水量供水，否则按可供水量供水；若按需供水后在时段末仍有蓄水，且蓄水大于最大蓄水量时，则产生弃水。而对冲规则使得水库在蓄水量较大且能满足需求的情况下限制供水，防止未来来水较少时发生极端缺水事件，同时为极端枯水事件的发生做好准备。近年来，对冲理论在水库调度中的应用研究不断丰富，Guo 等（2012）为避免单周期特大缺水，将参数规则和套期保值规则相结合，提出了一种多水库供水调度策略。该方法可同时发挥参数规则和套期保值规则的作用，减少决策变量的数量，在干旱发生前主动减少供水量，以位于我国泰泽河流域的多水库供水系统为例，验证了所提出的运行策略的有效性和效率。Shih 和 ReVelle（1995）在考虑了缺水持续时间长度因素的基础上，从缺水损失与缺水持续时间两个角度进行对冲规则的研究，Srinivasan 和 Philipose（1998）将最小化最大缺水时间长度作为单库对冲规则的目标函数；Neelakantan 和 Pundarikanthan（1999）利用缺水率平方和表示了缺水损失与缺水率的非线性关系，求解最小的各时段缺水率的平方和；Shiau 和 Lee（2005）针对对冲规则有增大总缺水量的风险的缺陷提出了能减小时段的最大缺水量和总缺水量的目标函数。另有其他研究集中在对对冲规则效果产生影响的因素或对冲规则采用哪种形式能获得最好的效果方面：Zhao 等（2017）以 KKT 条件解释了两阶段模型中约束的含义并应用于两阶段模型的对冲规则的求解中；You 和 Cai（2008）研究了来水不确定性和水库蓄水能力等因素对对冲规则的影响；Spiliotis 等（2016）、Srinivasan 和 Philipose（1998）、Wang 等（2003）一些学者对对冲起点的最优条件等进行了研究，基于对冲区域理论（最优的开始或终止对冲点的供水和蓄水的边际效益相等），获得了最优的实施对冲的区间；Benninga 等（1985）应用对冲规则对洪水预报不确定性影响、不同预报来水下洪水资源化利用的可行性以及防洪风险问题进行研究；Tan 等（2017）应用对冲规则于水库群供水调度中，起到了减小多个水库供水区的总缺水损失的效果；水库汛期防洪，通过预泄水可减小防洪风险，但同时也减小了兴利效益，Xu 等（2017）采用对冲规则研究在防洪和兴利间权衡。

国内对冲规则的研究开展较少，多是应用于研究汛期水库防洪和兴利权衡的问题，主要有：Guo 等（2012）应用对冲规则于存在水力联系的水库群，考虑水库间调水和水库为受水区供水过程，通过拟定目标函数达到整体最优；张娜妮（2014）应用二阶段模型对多年调节水库的最优对冲操作过程进行寻优；齐子超（2011）将对冲理论应用于多水源供水系统的供水调度中，以指导调水水库为受水水库调水；丁伟等（2016）基于水库来水预报不确定性，应用对冲规则研究汛期水库防洪兴利间权衡；门宝辉等（2018a）应用对冲规则解决受水区水库供水和外调水引水的对冲问题，并采用双层优化模型求解，为缺水地区水库供水和外调水工程提供了理论指导；曾超等（2020）根据缺水地区水库供水和蓄水之间的对冲关系，给出了水库当前和后期的供水和蓄水效益以及后期发生弃水事件和供水对象严重缺水事件风险概率的解析表达式，构建了一种考虑不确定性的水库供水和蓄水的双层优化模型；张佩纶（2018）研究了基于空间对冲规则（spatial hedgin grules，S-HR）的枯水期供水调度规则，提出了对冲的目的是以轻度多河段缺水来减少深度缺水带来的损失。空间对冲规则通过缩减当前河段的供水量，将其下泄至下游供水河段以增加下游河段的供水效益；李宁宁等（2020）为实现高效的水资源调度以兼顾水库效益和水库及下游防护对象的安全，基于空间风险对冲的思想，从"等比例蓄水"出发推导出了梯级水库蓄滞洪量分配规则，将梯级水库系统所需蓄滞洪量的总量按照各水库的可用防洪库容在系统总可用防洪库容中的占比进行分配，这种新模式可降低梯级水库蓄洪过程中的系统风险，提高系统效益，调度后的水位和流量过程更加平稳，对于制定梯级水库联合调度运行方式具有参考作用。

1.3　研究目标及研究内容

1.3.1　研究目标

在充分调研和梳理已有研究成果的基础上，分析京津冀地区气候变化及水文情势发展，研究不同调度规则下丹江口水库的北调水量，探究南水北调中线工程沿线调蓄水库的调蓄能力，进而揭示丹江口水库及南水北调中线工程对京津冀地区的外调水供水潜力；同时，以天津为例，将对冲规则应用于天津供水研究中，通过设置不同情景，优化求解不同方法下的供水结果和用户缺水情况，为减少缺水事件损失及其不利影响提供有效的方法依据。

1.3.2　研究内容

1）京津冀地区气候变化和水文情势研究

收集整理京津冀地区气象数据资料，采用突变点检验、趋势性分析及空间分析方法，研究京津冀地区降水丰枯程度、降水量变化趋势及降水量变化时间尺度，同时，分析京津冀地区气温、蒸散发变化态势及时空分布规律。

2）丹江口水库及南水北调中线工程供水潜力研究

基于原始调度规则及限制下泄调度规则计算丹江口水库可调水量，并同时结合对冲原理优化限制供水线，建立基于对冲规则的优化调度方案，计算该方案下的北调水量，通过方案间的对比分析，探究丹江口水库优化调度方案。同时，以河南、河北地区的沿线水库为研究对象，从工程规划、工程过流能力、水库特性等方面探讨其对扩大中线工程供水潜力的作用，计算中线工程在经过河南省沿线调蓄水库补充供水及补偿调节之后对京津冀地区的最大供水能力，以及河北沿线调蓄水库对中线一期工程在时间和空间上的调节能力。

3）外调水对北京供水格局的影响

通过构建有无外调水两种情景下的水资源优化配置模型，以南水北调中线水进入北京的第一个完整年2015年为例，利用2000～2014年的水资源数据分别对两种情况下2015年不同用户的用水量和不同水源消耗情况进行预测分析，并与2015年实际条件下的优化配置方案进行对比，探讨外调水进京对北京市供水格局的影响。

4）对冲理论在密云水库调度中的应用

研究增加密云水库蓄水量对水库的蒸发渗漏损失和前期调水成本的影响，以及增加水库蓄水量对降低北京缺水风险的影响，并引入对冲理论解释和分析目前密云水库运行调度规则的合理性，说明通过密云调蓄工程增加密云水库蓄水量的运行，是以当前阶段较小的蒸发渗漏损失和调水成本的增加为代价，以达到减小北京未来缺水风险的效果，是一种合理、有效的对冲操作。

5）基于对冲规则的天津水资源高效利用研究

以天津为例，将对冲规则应用于天津供水研究中，通过改进对冲规则的目标函数，设置天津和引滦同枯的两种情景，设置按以各时段缺水率平方和最小为目标函数的常规对冲规则供水和按标准调度规则供水作为对比，研究供水情况和缺水损失。

1.4　研究方法及技术路线

1.4.1　研究方法

对于研究区域的气象及水文序列，采用一元线性回归、滑动平均模型、互补集合经验模态分解（CEEMD）等方法分析其趋势性和周期性，也采用上述方法分析丹江口水库入库径流特征；采用累积距平法和 Mann-Kendall（简称 M-K）突变检验法分析水文气象序列突变点，并采用经验正交函数分解（EOF）法分析其时空特征。为了研究丹江口水库的可调水量，确定丹江口水库的最优调水方案，采用水库调度模型和改进粒子群算法，其中，水库调度模型的调度规则包括原始调度规则、限制下泄调度规则和基于对冲规则的优化调度，同时，构建求解丹江口水库–总干渠–调蓄水库联合调度模型分析中线工程沿线调蓄水库供水潜力。在分析外调水对北京供水格局影响的过程中，采用非线性回归分析法、定额预测法以及灰色预测法中的 GM（1，1）残差模型和改进的 GM（1，1）模型等方法进行供需水量预测，并构建考虑有无外调水的水资源优化配置模型，优化求解不同情景下的供水结构。对冲理论是本书最主要应用的方法，在密云水库调度方式合理性解析、天津水资源高效利用部分都将该方法运用其中。前者以密云水库增加蓄水量前后的两种情形为研究对象，基于对冲理论研究了其调水成本和未来缺水风险，后者通过制定旬尺度调度模拟模型来确定旬内引滦水供水量和各用水户的水量分配，通过改进粒子群算法对模型求解寻优，利用对冲规则减少干旱期的缺水损失。

1.4.2　技术路线

按照"资料收集—模型方法构建—结果分析—成果总结"的思路开展研究工作，研究思路如下。

（1）有针对性地调查、收集与整理研究区域相关的气候、水文、社会经济、水利工程建设等资料，建立基础资料数据库，为深入研究奠定资料基础。

（2）采用一元线性回归、滑动平均模型、CEEMD、M-K 检验、EOF 法等方法，对研究区气候变化和水文情势进行分析，探究研究区域降水径流的丰枯程度、变化趋势及变化时间尺度，同时，分析研究区域气温、蒸散发变化态势及时空分布规律。

（3）分析丹江口水库入库径流年内和年际变化，以及丰枯变化特征；从优化调度角度出发，构建水库调度模型。通过设置原始调度规则、限制下泄调度规则及基于对冲规则的优化调度，探究丹江口水库优化调度方案；同时，梳理南水北调中线总干渠沿线河南、河北大中型水库供水能力，建立了丹江口水库–总干渠–调蓄水库联合调度模型，以进入京津冀（出河南境）的流量最大为调度目标，提出河南、河北两省沿线水库对中线工程的供水方案并分析其供水潜力。

（4）构建有无外调水两种情景下的水资源优化配置模型，预测分析 2015 年北京有无外调水情景下的水资源配置，探讨外调水进京对北京供水格局的影响；同时，将对冲理论引入密云水库现行运行调度方式中，分析增加蓄水量对水库蒸发渗漏损失和前期调水成本以及北京缺水风险的影响，解释分析目前调度方式的合理性。

（5）以天津为研究区域，分析天津引江供水地区和引江不供水地区在天津和引滦同枯情景下的可能缺水情况，并基于万元产值用水量的概念提出减产损失率指标改进对冲规则的目标函数，同时设置按原对冲规则和按标准调度规则供水作为对照，求解和分析引滦同枯情景下不同方案的供水过程和用户缺水情况，进而探究天津基于对冲规则的水资源高效利用方案。

根据本书研究内容以及研究方法和思路，形成的技术路线如图 1-1 所示。

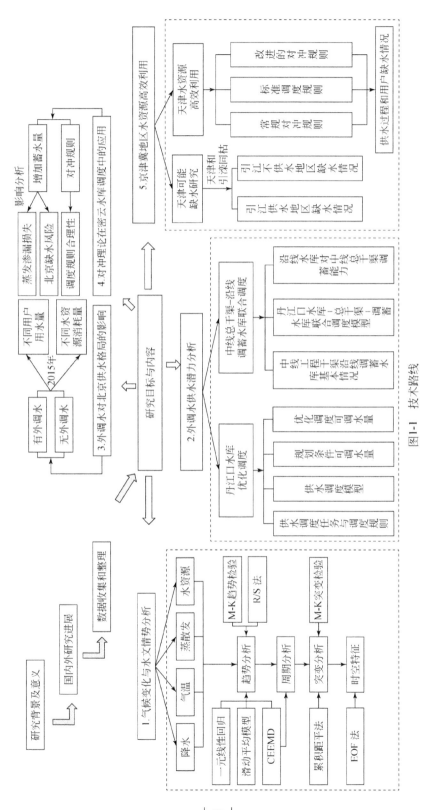

图1-1 技术路线

第 2 章 研究区概况

本书的研究区包括南水北调中线工程（以下简称中线工程）水源区丹江口水库以及中线工程受水区的京津冀地区。京津冀地区包括北京、天津，以及位于河北的保定、唐山、廊坊、石家庄、秦皇岛、张家口、承德、沧州、衡水、邢台和邯郸 11 个地级市，是中国继长江三角洲（简称长三角）城市群和珠江三角洲（简称珠三角）城市群之后的第三大城市群。根据京津冀三省（直辖市）地区统计年鉴，2019 年京津冀地区生产总值合计 84 580.08 亿元，占全国的 8.5%，是中国北方经济规模最大、最具有活力的地区。作为我国"首都经济圈"，京津冀地区地域一体、文化一脉、相互融合、共同发展（徐敏等，2018）。京津冀地区协同发展是重大国家战略之一，该地区一直以来在我国政治、经济、文化等领域中发挥着重要作用。京津冀地区气候属于半湿润半干旱的大陆性季风气候，降水时空分布不均，该地区多年平均水资源总量约 370 亿 m^3，其中地表水资源量 233 亿 m^3，属于严重资源性缺水地区。京津冀外调水主要包括南水北调中线工程、引滦入津工程及引黄入冀工程，其中北京的收纳水库为密云水库，天津的收纳水库为于桥水库，南水北调中线工程的水源水库为丹江口水库。中线工程的实施在极大程度上解决了该地区水资源紧缺问题，促进了京津冀地区工农业发展，提高了生态环境质量。

2.1 自然地理概况

2.1.1 地理位置

京津冀地区总面积 21.8 万 km^2，位于 $113°27'E \sim 119°50'E$、$36°05'N \sim 42°40'N$，包括北京、天津以及河北的 11 个地级市。北京是我国的政治中心、文化中心、国际交往中心和科技创新中心，是世界上著名的古都和现代化国际大城市。天津是我国北方十几个省（自治区、直辖市）对外交往合作的重要通道，也是我国北方最大的港口城市，是拱卫京畿的要地和门户。河北是我国唯一兼有高原、山地、丘陵、平原、湖泊和海滨的省（自治区、直辖市），土层深厚、土壤肥沃，是中国重要的粮棉油生产基地。

2.1.2　主要河流

京津冀区域由滦河和海河两大水系组成。滦河水系包括滦河干流及冀东沿海 32 条小河；海河水系包括海河北系的蓟运河、潮白河、北运河、永定河 4 条河流和海河南系的大清河、子牙河、漳卫南运河、黑龙港运东、海河干流 5 条河流。京津冀流域水系呈典型的扇形分布，受闸坝控制影响入海口多，海河北系的蓟运河、潮白河、北运河、永定河均通过永定新河入海；海河南系大清河、子牙河、黑龙港河通过闸坝调度由独流减河入海，南运河通过闸坝调度由独流减河或马厂减河入海。另外，纳入《水污染防治行动计划》（简称"水十条"）考核的在河北境内发源的主要河流还有 13 条，这些河流汇水范围较小、河长较短并直接入海。

2.1.3　地形地貌

地势呈现西北高、东南低的走势（图 2-1），地形复杂，包括中山山地区、低山山地区、丘陵地区、山间盆地、平原等多种地貌。北部为燕山山脉，西部为太行山山脉，中部为华北平原，其中大部分为海河中下游平原。

北部的坝上高原系内蒙古高原的一部分，地势南高北低，平均海拔 1200～1500m；坝上到坝下地势陡降，但海拔 1000m 以上的孤峰林立，其中燕山山脉的最高峰为雾灵山，海拔 2116m，最高峰是小五台山海拔 2871.5m。山地由中山、低山、盆地、丘陵组成，海拔多在 2000m 以下（于占江，2019）。在太行山、燕山和冀西北山地，盆地和谷地穿插其间。背山面海的河北平原是华北大平原的一部分，依据相对位置和成因可分为三部分：山前冲积洪积平原，沿燕山、太行山山麓分布，由冲积洪积扇相连组成，海拔在 110m 以下；中部冲积平原，海拔多在 40m 以下，地势自北、西、南三面向天津方向缓缓倾斜，海拔逐渐降至 3m 左右。该地区地面稍有起伏，缓岗、洼地交互分布，主要洼地有宁晋泊、大陆泽、白洋淀、文安洼、千顷洼等；滨海冲积海积平原，环渤海沿岸分布，由河流三角洲、滨海洼地、海积砂堤缀连而成，著名洼地有七里海和南大港。沿渤海岸多滩涂、湿地，海河流域以扇状水系的形式铺展在京津冀地区。

2.1.4　水文气象

京津冀地区位于海河流域，属于温带东亚季风气候区（王晓霞等，2010），是典型的半湿润半干旱的大陆性季风气候，一年内受西伯利亚大陆性气团、蒙古大陆性气团、太平

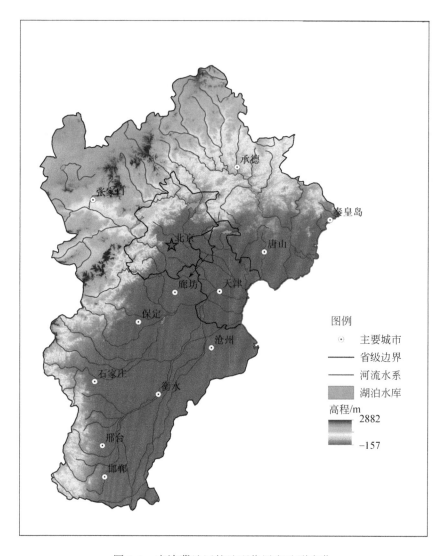

图 2-1　京津冀地区的地理位置和地形变化

洋海洋性气团等影响，其中，春季受蒙古大陆性气团影响使得风大干燥，气温回升较快，蒸发量较大，气候干燥，容易发生春旱；夏季则受东部太平洋暖湿的海洋气团影响，高温且多雨，并且暴雨较多，但是因为每年的夏季西太平洋副热带高压的强度、进退时间和影响范围等很不一致，导致降水量的变化很大，经常发生旱涝灾害；秋季作为夏季和冬季的过渡季节，通常情况是风清气爽，并且降水量较少（夏军等，2011）；冬季受来自西伯利亚的大陆性气团的影响，寒冷而且干燥，降水量少。年内四季分明，日照充足，年日照时数 2500～2900h，年总辐射量 5000～5800MJ/m^2（于占江，2019），区域气温从西北向东南逐渐升高。

据统计，海河流域年平均气温 1.5～14℃（林豪栋，2020），年极端最高气温 34～44℃，极端最高气温极值 44.4℃（沙河市，2009 年 6 月 25 日），年极端最低气温-13～-29℃，极端最低气温极值-42.9℃（围场县御道口，1957 年 1 月 12 日）。年平均降水量 539mm，降水的时空分布不均，水面蒸发量 1100mm（张利茹等，2017）。根据海河流域水资源公报 2005～2020 年降水量统计（表 2-1），16 年内平水年占 56%，而且年内降水 70% 以上均集中于 6～9 月的汛期。

表 2-1　海河流域 2005～2020 年降水量统计

年份	降水量 /mm	汛期（6～9 月）降水量/mm	汛期占比/%	与多年平均值的比较/%	丰枯类型
2005	487.0	387.4	79.5	-9.0	偏枯
2006	438.2	325.6	74.3	-18.1	枯水
2007	483.5	350.6	72.5	-9.6	偏枯
2008	541.0	400.1	74.0	1.0	平水
2009	489.8	357.1	72.9	-8.6	平水
2010	533.6	418.1	78.4	-0.4	平水
2011	518.8	394.7	76.1	-3.1	平水
2012	601.3	465.1	77.3	12.3	偏丰
2013	547.7	472.8	86.3	2.3	平水
2014	427.4	324.0	75.8	-20.2	枯水
2015	517.2	347.7	67.2	-3.4	平水
2016	614.2	475.5	77.4	14.7	偏丰
2017	500.3	361.4	72.2	-6.6	平水
2018	540.7	415.7	76.9	0.0	平水
2019	449.2	329.1	73.2	-16.0	偏枯
2020	552.4	404.3	73.2	3.3	平水

2.1.5　水资源状况

京津冀地区多年平均水资源总量约 370 亿 m³，其中地表水资源量 233 亿 m³，属于严重资源性缺水地区。农业消耗的水资源量占总用水量的 64.4%，是用水的大户。水资源的过度开发，已造成区域内河道断流、地下水位下降、水污染加剧、生态恶化等生态环境问题（刘丽芳，2015）。

京津冀地区的河流发源于太行山和燕山山脉，最终注入渤海，主要分为海河和东北部的滦河两大水系。海河是华北平原上最大的河流，仅河流的上游长 10km 以上的支流就达到 300 多条，这众多支流在海河的中游附近汇合，大致有北运河、永定河、大清河、子牙河和南运河，这 5 条河又在天津汇合成海河干流，由大沽口入海。海河流域的北部水系滦河的支流有伊逊河、武烈河、瀑河、小滦河和老牛河等。

京津冀地区位于我国七大流域之一的海河流域，海河是华北地区的最大水系。地区水资源总量和人均水资源量是衡量地区水资源丰度的两个重要指标。2018 年 9 月生态环境部卫星中心对全国生态状况变化遥感调查评估后发现，从 2004 年到现在，京津冀地区除了 2012 年水资源总量较为丰沛外，其他年份水资源开发利用强度均超过了 100%，这个数值远远超过国际通用的水资源开发利用安全界限。此外，该地区全年存在断流现象的河流约占总河流的 70%，特别是永定河，1970 年以后，由于气候及上游水库的截流，官厅水库以下经常处于干涸状态，2015 年，《京津冀协同发展规划纲要》明确提出对"六河五湖"进行全面综合治理与生态修复，2016 年，国家发展和改革委员会、水利部等三部门联合印发《永定河综合治理与生态修复总体方案》，永定河综合治理工程正式启动。2021 年 9 月 27 日据新华网报道，永定河自 8 月 28 日启动全线通水生态补水，通过联合调度册田水库、友谊水库、洋河（响水堡）水库、官厅水库，三家店、卢沟桥枢纽等工程，统筹官厅水库来水、小红门再生水、引黄水、南水北调中线引江水和北运河等多种水源。截至当年 12 月 27 日已累计向永定河平原段补水近 7000 万 m³，实现永定河全线通水入海目标。从空间分布来看，京津冀 13 个地级及以上城市在汛期其河道均有干涸的情况出现，张家口、保定等地干涸河道的长度超过了 300km。七里海、白洋淀等湿地出现萎缩状况，长期需要依靠生态补水进行维持。除了水资源总量不多之外，京津冀地区由于人口相对较为密集，人均水资源量更是显著不足。根据中国环境统计年鉴数据统计，京津冀三省（直辖市）2019 年的人均水资源量分别为 114.2m³、51.9m³、149.9m³，均不足全国人均水资源量（2074.53m³）的 1/10，远低于世界的平均水平，甚至与国际极度缺水的标准（500m³）相比相差仍然较大。

京津冀三地水资源公报（2020 年）显示，2020 年京津冀地区的水资源总量为 185.3 亿 m³，其中地表水资源量为 72.5 亿 m³，地下水资源量为 158.4 亿 m³。用水总量为 251.2 亿 m³，其中农业用水 121.2 亿 m³，工业用水 25.6 亿 m³，生活用水 50.6 亿 m³，人工生态环境补水 53.8 亿 m³，农业部门仍是最大的用水大户。2020 年北京、天津、河北年人均水资源量分别为 118m³、95.7m³、196.2m³，都远低于国际公认的 1700m³ 的水资源短缺阈值。2009 ~2013 年，国家林业局对全国湿地资源的第二次调查显示，京津冀地区湿地面积为 1.29 万 km²（京津冀湿地总面积分别为 4.8 万 hm²、29.56 万 hm²、94.19 万 hm²），占京津冀地区面积的 5.84%。同时，近年来海河流域河道干涸、断流，湖泊洼淀等自然湿地不断大面积萎缩，河道淤泥堆积、地下水位下降、水污染严重等现象的不断出现，已经使京津冀成为我国水资源最为短缺的地区；多年平均水资源量仅占全国的 1%，却承载着全国 8% 的人口、6% 的粮食生产和 10% 的 GDP，可见，京津冀属于资源型严重缺水且水资源配置亟须改善的地区。

　　水资源在空间和时间上不均匀的分布，国民经济发展中水资源开发的不平衡，以及人类对水的过多消耗和对污废水的不断排放所造成的可利用量的急剧下降、水质恶化以及需水各部门布局的不合理等，已给世界范围内很多地区带来了水资源的供需问题。与其他地区比较，京津冀的水资源相对不足，水资源供需矛盾更显突出。2020 年京津冀地区的水资源公报数据显示，该地区 2020 年全年供水总量为 251.2 亿 m^3，其中地表水（含外调水）为 119.14 亿 m^3，占总供水量的 47%；地下水 104.67 亿 m^3，占总供水量的 42%；其他水 27.38 亿 m^3，占总供水量的 11%，其他水供水量主要包括污水处理回用量、雨水利用量及海水淡化量，具体的地区供需情况如图 2-2 所示。

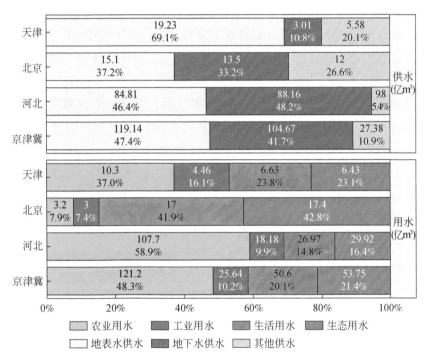

图 2-2　京津冀地区供用水结构分布

资料来源：2020 年京津冀三地水资源公报

　　图 2-2 显示该地区的供水以地表水为主，同时地下水供水占有很大比例，尤其是河北以地下水供水为主，地下水的供水率占到了河北供水总量的 48.23%，地下水的严重超采造成水源地地下水位降深过大，形成地下水漏斗并逐年扩展，此外，由于过量开采地下水造成水量减少，水在地下净化时间变短，可能还会导致地下水质恶化，进一步造成水资源

的不可持续利用。从用水结构来看，农业用水量占比最多，主要是因为河北是中国的重要粮食产地，该省的农业用水达到了总用水量的58.93%，北京的生活用水占比较高，主要是由于城市人口密度较大、人均日用水量较高等。

2.1.6　水质状况

从水环境质量上看，良好的水质状况对社会经济的可持续高质量发展具有重要意义，该地区"水十条"地表水考核断面共有118个，2014年的考核结果为：Ⅱ～Ⅲ类断面40个、Ⅳ～Ⅴ类断面21个、劣Ⅴ类断面57个，Ⅱ～Ⅲ类断面仅占地表水考核断面总数的1/3；从空间分布来看，北京和天津的劣Ⅴ类断面均为13个，河北有31个。在34个跨省界断面中，劣Ⅴ类断面有22个，占总断面的64.7%。2019年中国生态环境状况公报数据显示，该年全国共布设水质断面1937个（3个断流），Ⅰ～Ⅲ类水质断面占83.4%，Ⅳ类、Ⅴ类占16%；劣Ⅴ类占0.6%。通过以上分析可知，京津冀地区的Ⅰ～Ⅲ类水质比例均远低于全国水平，劣Ⅴ类水质比例远高于全国水平，其中，天津的水质污染情况最为严重。

2020年京津冀地区的生态环境状况公报数据显示，北京全年监测河长2333.8km，其中，Ⅰ～Ⅲ类水质河长占监测总长度的63.8%；Ⅳ类、Ⅴ类水质河长占监测总长度的33.8%；劣Ⅴ类水质河长占监测总长度的2.4%。天津全市所有入海河流水质均达到或优于地表水Ⅴ类标准，其中劣Ⅴ类水质清零，Ⅴ类水质占比为75%，Ⅳ类水质占25%。河北全年布设河流检测断面166个，Ⅰ～Ⅲ类水质占监测总断面的63.25%；Ⅳ类、Ⅴ类水质占监测总断面的33.74%；劣Ⅴ类水质占监测总断面的3.01%（图2-3）。

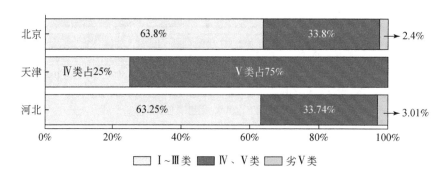

图 2-3　京津冀地区水环境质量情况

资料来源：2020年京津冀地区生态环境状况公报

2.2 水库概况

2.2.1 密云水库

密云水库位于北京密云区城北 13km，位于燕山群山丘陵之中。1958 年 6 月 26 日，国务院总理周恩来亲临密云勘察并确定了潮河、白河主坝坝址。6 月底，国务院作出了 1958 年修建密云水库的决定，于 1960 年 9 月竣工建成。密云水库是华北地区最大的水库，也是首都北京最重要地表饮用水水源地，有"燕山明珠"之称。

密云水库形似等边三角状，洪水位 158.5m 时，相应水面面积 183.6km²、库容 41.9 亿 m³，正常蓄水位 157.5m，相应水面面积 179.33km²、库容 40.08 亿 m³，汛限水位 147.0m，相应水面面积 137.54km²，库容 23.38 亿 m³，死水位 126.0m，水面面积 46.154km²，库容 4.37 亿 m³。水库最高水位水面面积达到 188km²，最大库容 43.75 亿 m³，相当于 67 个十三陵水库或 150 个昆明湖。密云水库上游有两大支流：一条支流是白河，起源于河北沽源县，经赤城县、延庆区、怀柔区，流入密云水库；另一条支流是潮河，潮河起源于河北丰宁满族自治县（简称丰宁县），经滦平县，自古北口入密云水库。1982 年起，密云水库停止向津冀供水，专门保障北京市民的生活用水。从那时起，密云水库就有了京城"大水盆"的美誉，源源不断向城区输水。自 2014 年 12 月 27 日南水北调中线工程的来水到达北京后，密云水库实施了调蓄工程。

密云水库调蓄工程自 2013 年 8 月 31 日开工，2015 年 7 月 31 日完工建成。将南水北调中线工程的来水从团城湖调节池取水，通过京密引水渠反向引水，分别于 6 级泵站提升输水至怀柔水库，再提升输水至北台上倒虹吸处，经雁栖泵站加压后，由京密引水渠侧 DN2600PCCP 输水管道白河电站下游调节池，再由溪翁庄泵站加压后将来水送入密云水库。至 2020 年，密云水库调蓄工程已平稳运行了 5 年，通过北京市水资源公报统计，通过密云水库调蓄工程将南水北调中线工程水调入密云水库累计达 6.42 亿 m³，各年调入密云水库的水量及相应年份调入北京的南水北调中线工程调水量如图 2-4 所示。

经数据统计（图 2-5），密云水库 2002~2014 年蓄水量维持在 10 亿 m³ 左右，其中 2003 年蓄水量较少为 7.23 亿 m³，2013 年蓄水量较多，也只有 12.41 亿 m³。南水北调中线工程来水实施调蓄工程开始，2016 年密云水库蓄水量由 16.45 亿 m³，增加到 2021 年底的 33.41 亿 m³。

2.2.2 于桥水库

于桥水库，又名翠屏湖，因南依翠屏山而得名，位于天津蓟州区城东 4km，属蓟运河

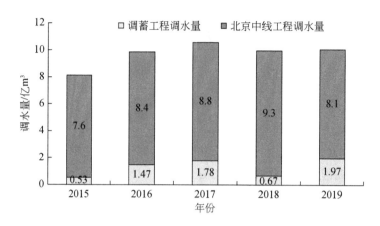

图 2-4　密云水库调蓄工程调水量及中线工程调水量

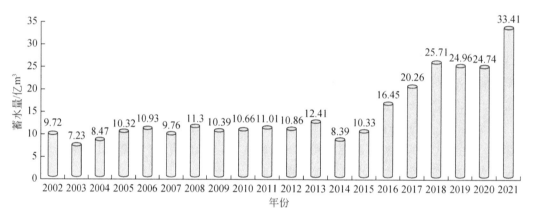

图 2-5　密云水库蓄水量变化

资料来源：http：//swj. beijing. gov. cn/

流域州河段，是一座山谷型水库，水库坝址建于蓟运河左支流州河出口处，控制流域面积2060km²，总库容 15.59 亿 m³。上游主要入库河流为淋河、沙河和黎河，沙河和黎河汇合后形成果河汇入于桥水库，淋河独立汇入于桥水库，多年平均径流量为 5.06 亿 m³，其功能以防洪、城市供水为主，兼顾灌溉、发电等。

于桥水库始建于 1959 年 12 月，1960 年 7 月完成拦河坝和放水洞，1965 年开挖溢洪道，采取只拦洪不蓄水的运行方式，1970 年开始进行蓄水运行。总库容 15.59 亿 m³，正常蓄水位 21.16m，兴利库容 4.21 亿 m³，汛限水位 19.87m，死水位 15m，主要建筑物包括拦河坝、放水洞（兼发电洞）、溢洪道以及电站等。拦河坝为均质土坝，全长 2222m，最大坝高 24m，坝顶高程 28.72m。放水洞（兼发电洞）洞径 5m，坝后电站设贯流式机组四台，总装机 5000kW。溢洪道为开敞式堰闸，八孔闸门，净宽 80m，最大泄洪能力

$4138m^3/s$。

自 1983 年 9 月 11 日引滦入津工程通水以后，于桥水库成为引滦入津重要的调蓄水库，并和引滦沿线上的潘家口水库、大黑汀水库一起被列为天津重要的城市水源地。

2.2.3 丹江口水库

丹江口水库是丹江口水利枢纽的主体工程，丹江口水利枢纽既是开发治理汉江的关键性控制工程，又是南水北调中线工程的水源地。丹江口水库位于汉江上游下段，地处鄂西北、豫西南交界处的大巴山、秦岭与江汉平原过渡带，属于丘陵盆地型水库。水库坝址位于汉江与其支流丹江汇合处下游 800m 处的湖北丹江口，控制流域面积 9.52 万 km^2，多年平均入库水量 356 亿 m^3（1981～2010 年）。丹江口水利枢纽分初期工程和大坝加高工程。初期工程于 1958 年开工建设，1973 年底建成，具有防洪、发电、灌溉、航运、养殖等综合功能。初期工程坝顶高程为 162m，正常蓄水位为 157m，属于年调节水库。大坝加高工程于 2005 年 9 月正式开工建设，2013 年 6 月主体工程建成，8 月底开始蓄水，2014 年 11 月由陶岔渠首取水口向北供水。大坝加高后，水库以防洪、供水为主，兼顾发电、航运等功能。加高后的坝顶高程为 176.6m，正常蓄水位为 170m，兴利库容为 272.05 亿 m^3，水库总库容 319.5 亿 m^3，库区水域面积为 1050 km^2，岸线 4600km，属于多年调节水库。

自 2014 年 11 月南水北调中线工程通水后，丹江口水库已顺利完成向北供水任务，陶岔渠首供水量逐年提高（表 2-2）。

表 2-2　陶岔渠首可调水量与实际供水量　　　　　（单位：亿 m^3）

年度	预测可调水量	年初下达的计划水量	实际供水量
2014～2015	76.20	40.60	21.67
2015～2016	58.71	37.72	38.45
2016～2017	45.88	44.35	48.46
2017～2018	90.10	57.48	74.63
2018～2019	75.85	60.82	71.27
2019～2020	95.00	70.84	64.91

按照水利部要求，2017 年 11 月实施向华北地区进行生态补水，截至 2020 年 7 月，受水区河北、河南和天津已累计生态补水 44.3 亿 m^3，其中 2019～2020 年度生态补水量为 20.9 亿 m^3，占本年度受水区总补水量的 32.7%。

丹江口水利枢纽是南水北调中线工程的供水水源工程，供水对象包括汉江中下游、清泉沟及南水北调中线一期工程。依据《丹江口水利枢纽供水调度专题研究》，丹江口枢纽大坝加高后，工程首要的开发任务仍然是保证汉江中下游防洪安全，其次是供水、发电及航运。水库在汛期，需要留出防洪库容以保证大坝安全和下游防洪安全；在非汛期，兴利任务以供水为主，即在确保汉江中下游工业、农业、居民生活及环境用水满足的前提下，通过水库调蓄，尽可能多且均匀地向北方受水区供水。

2.3　引调水工程概况

2.3.1　南水北调中线工程

南水北调中线工程，是从长江最大支流汉江中上游横跨湖北和河南两省的丹江口水库调水（水源主要来自汉江），在丹江口水库东岸河南淅川境内工程渠首开挖干渠，经长江流域与淮河流域的分水岭方城垭口，沿华北平原中西部边缘开挖渠道，通过隧道穿过黄河，沿京广铁路西侧北上，自流到北京颐和园团城湖的输水工程。

输水干渠地跨河南、河北、北京、天津 4 省（直辖市）。受水区域为沿线的南阳、平顶山、许昌、郑州、焦作、新乡、鹤壁、安阳、邯郸、邢台、石家庄、保定、北京、天津 14 座大、中城市。重点解决河南、河北、北京、天津 4 省（直辖市）的水资源短缺问题，为沿线十几座大、中城市提供生产生活和工农业用水。供水范围内总面积 15.5 万 km^2，输水干渠总长 1277km，天津输水支线长 155km。

南水北调中线工程于 2003 年 12 月 30 日开工，已经开工的中线北京至石家庄段应急供水工程开工建设 7 个单项工程，工程建设进展顺利，其中北京永定河倒虹吸工程已经基本完工。2014 年 2 月 22 日上午 10 时，南水北调中线穿越黄河工程两条隧洞开始充水试验。到 2014 年 7 月底，南水北调中线率先通水的京石段工程先后四次向北京应急供水，累计向北京输水 16.1 亿 m^3。2014 年 9 月 15 日，南水北调中线穿黄工程上游线隧洞充水水位达到设计要求高程，标志着穿黄隧洞工程充水试验成功，这是南水北调中线干线工程建设的重要里程碑。至此，南水北调中线干线全线具备通水条件，为顺利实现 2014 年汛后通水目标奠定了坚实基础。

2014 年 12 月 12 日 14 时 32 分，长 1432km、历时 11 年建设的南水北调中线正式通水。经过 15 天，12 月 27 日南水北调中线水进入北京，通过自来水厂流入千家万户饮用、通过泵站和水渠流入水库存蓄、通过管线流入河湖改善环境回补地下。到 2020 年 6 月 3 日，南水北调中线一期工程已经安全输水 2000 天，累计向北输水 300 亿 m^3，已使沿线 6000 万人口受益。其中，北京中心城区供水安全系数由 1 提升至 1.2，河北浅层地下水位由治理前的每年上升 0.48m 增加到 0.74m。

截至 2021 年 12 月 27 日，南水北调中线工程通水 7 年已有超过 73 亿 m³ 的中线水跋涉 1277km 奔涌进京，大大缓解了北京水资源紧缺形势，并逐渐成为保障城市用水需求的主力水源，直接受益人口超 1300 万人，河湖水环境显著改善，地下水位明显回升。平原区地下水平均埋深为 16.52m，与 2014 年同期相比，地下水位回升 9.14m，地下水储量增加 46.8 亿 m³。

南水北调中线工程通水后，显著改善了受水区的水资源条件和供给保障程度，并为受水区地下水压采、修复和保护生态环境创造了有利条件，取得了巨大的经济、社会和生态效益。随着京津冀地区社会经济的发展，南水北调用水量逐年增加，南水北调中线一期工程规划目标逐步实现。同时，随着京津冀协同发展战略和雄安新区建设、中原城市群建设的推进，北方受水区用水将进一步加大，人民群众对保障优质水源的要求日益强烈，这些都对南水北调中线一期工程的供水保障能力和南水北调水的高效利用提出了新的要求。

2.3.2 引滦入津工程

引滦入津工程，属于华北地区跨流域调水工程，是将河北境内的滦河水跨流域引入天津的城市供水工程。水源地位于河北唐山迁西县滦河中下游的潘家口水库，由潘家口水库放水，沿滦河入大黑汀水库调节。

1982 年 5 月 11 日，引滦入津工程开工。1983 年 9 月 11 日通水。引滦工程总干渠的引水枢纽工程为引滦入津工程的起点，穿越分水岭之后，沿河北唐山遵化市境内的黎河进入天津境内的于桥水库调蓄，再沿州河、蓟运河南下，进入专用输水明渠，经提升、加压由明渠输入海河，再由暗涵、钢管输入芥园、凌庄、新开河 3 个水厂，引水线路全长 234km。

引滦入津工程自 1983 年 9 月 11 日正式通水，到 1990 年底累计通水 36 次，累计通水 958 天，累计通水量 86 亿 m³，几年来平均过水流量为 50m³/s。黎河 1983 年 9 月 ~1990 年底共输水 36 次，共过水 983 天，总输水量为 39.5135 亿 m³。于桥水库自 1983 年纳入引滦管理后，1983~1990 年，潘家口水库调于桥水库总水量 39.6683 亿 m³。于桥水库本流域产生的径流量为 24.085 亿 m³，入于桥水库总量为 63.7533 亿 m³，出库总量为 61.3515 亿 m³，其中天津引水 55.408 亿 m³，农业灌溉用水 4.98 亿 m³，弃水 1.0992 亿 m³。潮白河泵站自 1983 年 9 月利用泵站提水以来，到 1990 年底共输水 47.653 亿 m³。尔王庄明渠泵站总水量为 44.912 亿 m³。大张庄泵站自 1983 年 9 月运行以来至 1990 年底输水量为 19.962 亿 m³ (不包括暗渠输水)。尔王庄水库 1983 年 9 月 ~1990 年底，共计调剂水量 6.3113 亿 m³，出库供水量 4.986 亿 m³。至 2005 年，安全输水运行 22 年，累计向天津供水 169 亿 m³。至 2009 年 9 月 11 日已经安全运行 26 年，累计向天津供水 192.2 亿 m³。

引滦入津前，因地表水资源紧缺，只好超量开采地下水，造成地表大面积沉降。天津有 7300km² 地面下沉。引滦入津后，地面沉降得到有效控制，市区年平均沉降量已经由 1985 年的 86mm，减缓到 2005 年的 25mm。到 2005 年通水 22 年来，累计提供城市环境用水近 10 亿 m³，改善了园林绿地灌溉条件，天津园林绿地由引滦入津前的 1053 万 km²，增加到 2005 年的 15 930 万 km²；城市绿化覆盖率由 8% 提高到 2005 年的 35%；人均公共绿地面积由 1.56km² 提高到 2005 年的 8.1km²。引滦入津工程提高了天津人民生活质量，过去天津居民饮水取自海河，虽经净化处理，但自来水氯化物含量仍远远超过标准，遇上枯水季节，水质更差，氯化物含量高达每升 1500mg，相当于在每立方米水中加了 1500g 盐。引滦入津后，居民饮用水质明显改善，在全国水质监测抽查中，天津饮用水质达到国家二级标准，成为全国饮用水质良好城市之一。

引滦入津工程通水结束了天津人民喝苦咸水的历史，工业生产缺水的被动局面得到扭转，不仅使用水较多的缺水企业全部恢复生产，而且使天津港获得了新生，新港船闸得以重新开启使用，停产三年之久的内河港区码头恢复了生产；同时为新建企业提供了可靠水源，加速了工业发展，改善了投资环境，成为天津经济和社会发展赖以生存的"生命线"。从根本上扭转了天津缺水的紧张局面，极大地改善了投资环境和生态环境，有力地促进了全市经济社会的健康协调发展。

2.3.3　引黄入冀工程

引黄入冀工程是为了缓解华北地区水资源严重短缺问题，该工程充分利用现有工程，采用多渠道、多方位、多点位、多方案从黄河引水补充河北各地的水资源，引黄入冀工程主要包括位山引黄入冀工程、引黄入冀补淀工程、万家寨引黄入京工程等。

（1）位山引黄入冀工程。1991 年 12 月水利部确定修建位山引黄入冀工程，引黄渠首位于山东聊城位山，利用聊城现有位山引黄灌区输水系统，经位山三干渠、小运河，过穿卫枢纽进入河北。位山引黄闸设计流量 323m³/s，鲁冀界设计流量 65m³/s。供水范围涉及河北黑龙港及运东地区的邢台、衡水、沧州三市 23 个县（市），主要用于农业及生产生活用水。1992 年 9 月 27 日，水利部、山东省、河北省三方共同签署《引黄入冀工程供水协议》，确定引水时间为冬四月（11 月～翌年 2 月），入境水量指标为 5.0 亿 m³。同年，工程开始实施，并于 1993 年春季试引水，1994 年开始正式引水。

（2）引黄入冀补淀工程。2015 年 10 月 26 日开工，2017 年 11 月 16 日试通水。自河南濮阳渠村新、老引黄闸取水，途经河南、河北两省 6 市（濮阳、邯郸、邢台、衡水、沧州、保定）26 县（市、区），最终入白洋淀。工程主输水线路总长 482km，其中，河南境内 84km，河北境内 398km。工程全部为自流引水，渠村引黄闸设计流量 100m³/s，豫冀界设计流量 61.4m^3/s，入白洋淀 30m^3/s。根据 2015 年 8 月国家发展和改革委员会关于引黄入冀补淀工程的可研批复文件，黄河渠首多年平均引黄水量 9.0 亿 m^3，其中河北农业灌溉供水 3.65 亿 m^3、向白洋淀生态补水 2.55 亿 m^3（入淀水量 1.1 亿 m^3），河北引黄时段为冬四月（11 月~翌年 2 月）；在南水北调东、中线工程生效前，河北可通过相机延长工程引水时间增加引黄水量，但河北总引黄水量按 18.44 亿 m^3（含天津引水量）控制。引黄水为沿线部分地区农业供水和白洋淀生态补水，缓解沿线农业灌溉缺水及地下水超采状况，改善白洋淀生态环境，并作为沿线地区抗旱应急备用水源。

（3）万家寨引黄入京工程。该工程的起点是黄河中游的万家寨水库，借助已经实施的"山西省万家寨引黄工程"，从万家寨供应太原的水中分出 3.12 亿 m^3 引至恢河，经桑干河到达官厅水库。

2.4 社会经济概况

改革开放以来，京津冀地区经济发展迅速，与长三角和珠三角地区并列成为推动我国经济增长的三大引擎。在国家区域协调发展的背景下，京津冀区域特色与优势得到有效发挥，区域机遇比较好，未来发展值得期待。2015 年中共中央、国务院印发实施的《京津冀协同发展规划纲要》，指出了在京津冀协同发展的战略中，有必要有序地疏解北京非首都的功能，形成京津冀区域一体化格局，推动该地区人口、经济、资源与环境的协调发展，使其成为我国经济社会发展的重要引领区域。

京津冀地区不仅是我国的"首都经济圈"，也是我国的政治中心、文化中心，该地区以占全国 2.3% 的陆地面积养育着约 8% 的全国人口，创造的地区生产总值也达到了全国的 9.8%。根据国家统计局、京津冀国民经济和社会发展统计公报 2020 年统计数据，北京的常住人口为 2189 万人，比上年末减少 1.1 万人；天津的常住人口为 1387 万人，比上年末增加了 2 万人；河北的常住人口为 7464 万人，比上年末增加 17 万人。北京人口已经出现下降情况，河北的人口增长率为 2.3‰，说明京津冀地区的人口逐步处于趋于稳定的趋势。

京津冀地区人口密集，而且土地、光热资源也十分丰富，是我国粮食主要产区。京津冀土地面积 21.8 万 km^2，常住人口约为 1.1 亿人。2020 年地区生产总值约为 8.64 万亿元。以汽车工业、电子工业、机械工业、钢铁工业为主，是全国主要的高新技术和重工业基地，也是科技创新中心所在地（刘建朝，2013）。

2020 年末京津冀城市群的城镇化率达到 68.6%，比全国平均水平（64.7%）高出 3.9 个百分点，但低于东部平均水平。北京和天津的比例分别达到 87.5% 和 84.7%，而河北的比例仅为 60.07%。在经济规模及产业结构上，京津冀城市群的生产总值逐年上升，

2020 年全年生产总值达到 86 393.2 亿元，占全国的比例达到 8.52%。以 2020 年为例，北京的生产总值达到 36 102.6 亿元，人均生产总值达到 164 927.4 元；天津生产总值为 14 083.7 亿元，人均生产总值达到 101 540.7 元；河北的人均生产总值与京津差距明显，仅为 48 508.7 元（资料来源于京津冀地区统计年鉴）。京津冀城市群产业结构梯度性显著，北京表现为明显的"三二一"模式和后工业化特征，2020 年产业结构比达到 0.30∶15.83∶83.87，三产比例逐年上升，高技术及高端服务业相对京津冀城市群其他区域发达。天津的产业结构比在 2020 年为 1.49∶34.11∶64.40，天津的第三产业比例于 2015 年超过第二产业比例，由之前的第二产业占主导转换为"三二一"模式，说明在经济新形态下，天津的产业转型已初见成效（资料来源于 2020 年天津市国民经济和社会发展统计公报）。河北处于工业化中期阶段，2020 年的产业结构比为 10.72∶37.55∶51.73，各市整体上第三产业比例高于第二产业，在产业承接上的能力较差，第三产业是其今后一段时间内的关键产业，京津冀城市群内的产业结构差距较为明显，整体上京津冀地区是我国的高新技术和工业基地。

至 2020 年，京津冀三地常住人口的城镇化率分别为 87.53%、84.72%、60.07%，北京和天津的城镇化率较高且与上年基本持平，河北的城镇化率较低，但比上年末提高 1.3 个百分点，说明河北的城镇化率虽低但近年来城镇化发展相对较快，具体的社会经济发展情况如表 2-3 所示。

表 2-3　京津冀地区 2020 年社会经济概况

地区	常住人口/万人	生产总值/亿元	第一产业产值/亿元	第二产业产值/亿元	第三产业产值/亿元	人均生产总值/万元
北京	2 189	36 102.6	107.6	5 716.4	30 278.6	16.49
天津	1 387	14 083.7	210.2	4 804.1	9 069.5	10.15
河北	7 464	36 206.9	3 880.1	13 597.2	18 729.5	4.85
京津冀	11 040	86 393.2	4 197.9	24 117.7	58 077.6	7.83
全国	141 178	1 013 567	78 030.9	383 562.4	551 973.7	7.18

注：根据 2020 年京、津、冀各省（直辖市）国民经济和社会发展统计公报整理。

由于京津冀地区地理条件和气候之间的差异，农作物种类较多。北京和天津主要发展都市型现代化农业，农业功能在于供应保障、生态休闲和科技示范作用，重点发展循环农业、设施农业和节水农业。河北是全国粮油集中产区之一，有小麦、玉米、谷子、水稻、高粱、豆类等主要粮食作物。同时河北是全国三大小麦集中产区之一，大部分地区适宜小麦生长，高产稳产集中产区在太行山东麓平原。经济作物主要有棉花、花生、糖用甜菜和麻类等（代冬芳，2006；龚杰和李卫利，2009）。在全省 11 个省辖市中，有 7 个地区大面积种植棉花，石家庄以南最为集中，素有"南棉海"之称。

第3章 气候变化

气候变化是目前国际研究热点问题,现有的预测结果表明,未来全球气候将继续向变暖的方向发展,全球变暖将加剧某些地区的洪涝和干旱灾害,对水文水循环等产生重要影响。气候变化是影响水文情势的主要因素之一。在过去几十年里,气候变暖始终与水循环、水文系统等诸多因素的变化有关,如降水、气温、蒸散发等,利用长期历史数据分析各要素的变化特征,是理解气候变化对水文序列变化影响的基础。研究水文对气候变化的响应,对水资源可持续开发利用、缓解水资源的供需矛盾及促进区域经济发展等具有重要科学意义和广阔的应用前景。

3.1 数据资料与研究方法

3.1.1 数据资料

本章的数据资料主要包括来自国家基本气象站的气象资料和国家标准水文站的水文资料。具体包括京津冀地区 25 个气象站(图 3-1)1960～2013 年的逐日气温和降水数据,并对每个气象站的数据按月和年进行整理,对于个别站点缺失的数据采用线性回归法进行插补,并对各站点按气温和降水资料进行汇总,随之将站点观测降雨数据进行了点面转化,得到各站点所控制区域的面降水量。

3.1.2 数据处理

在降雨过程中,由于实际条件的限制,各气象站测得的降水量均为该气象站所在地点的降水量,而往往在实际计算中,需要用到该区域的平均降水量,称为面降水量。在计算过程中需要将点降水量转化为面降水量,降水量的点面转化有三种方法,即算术平均法、泰森多边形法、等雨量线法。本章采用算术平均法和泰森多边形法计算所得的区域年平均降水量如图 3-2 所示。

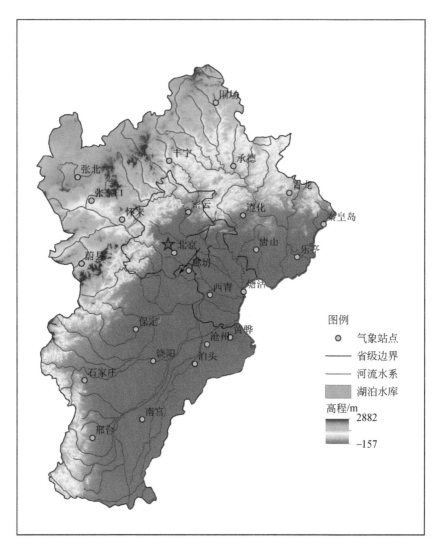

图 3-1　研究区气象站点分布

利用等雨量线法对于上述两种方法的结果进行对比分析，选取了 54 年中频率为 25%、50%、75% 和 90% 的代表年的各站降水量计算等雨量线，从而得到对应年份的区域平均降水量。在选取代表年时利用 Matlab 确定各站年降水量之和符合正态分布，然后插值计算上述四种频率下的年平均降水量，三种方法计算结果如表 3-1 所示。

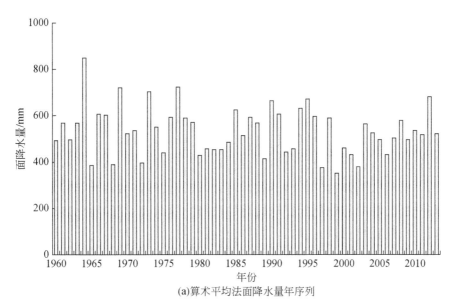

(a)算术平均法面降水量年序列

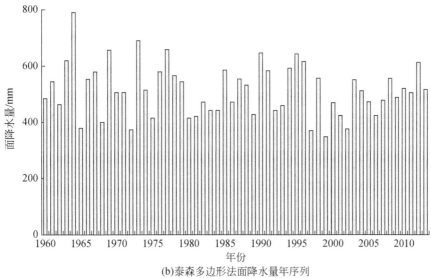

(b)泰森多边形法面降水量年序列

图 3-2 京津冀地区面降水量年序列

表 3-1 点–面降水量转换方法对比

代表年	频率/%	算术平均法 /mm	泰森多边形法 /mm	等雨量线法 /mm	算术平均法 误差/%	泰森多边形法 误差/%
1990	90	661. 72	645. 84	668. 61	−1. 03	−3. 41
1966	75	604. 70	553. 18	572. 47	5. 63	−3. 37
1971	50	535. 24	503. 56	520. 01	2. 93	−3. 16
1993	25	454. 85	457. 18	464. 08	−1. 99	−1. 49

由表 3-1 可知，用泰森多边形法计算所得的区域平均降水量更符合真实值，所以京津冀地区降水量年际变化规律的分析将采用泰森多边形法计算所得的年降水序列。

3.1.3 研究方法

为了深入分析京津冀地区的气候变化因子的变化规律和特征，选取了降水量、气温、蒸散发等气象要素，分析了气候变化因子的趋势性、突变性、周期性和空间变异性等，其中，采用了一元线性回归、滑动平均模型、R/S 法、M-K 趋势检验法等方法进行趋势分析，累积距平法、M-K 突变检验法等进行突变检验，采用小波分析和 CEEMD 法对周期规律进行分析，同时采用 EOF 法解析了气候变化因子的空间分布特点。

1. 趋势检验分析方法

1) 一元线性回归

一元线性回归是最简单、最容易看出序列变化趋势的分析方法。利用气候变化因子的时间序列与年序数建立一元回归方程，求出各统计系数，获得气候变化因子随时间变化的倾向性。

2) 滑动平均模型

滑动平均模型能体现数据在时间序列上的延续性，有效地减小时间序列数据随机频繁起伏的影响，更为直观地体现出阶段性变化。从气候变化因子的时间序列 x_i 中的 $2k$ 或 $2k+1$ 个连续值中取平均值，得到新的序列 y_i：

$$y_i = \frac{1}{2k+1} \sum_{i=-k}^{k} x_{i+1} \tag{3-1}$$

当 $k=2$ 时为 5 点滑动平均，$k=3$ 时为 7 点滑动平均。若 x_i 具有趋势成分，选择合适的 k（不宜太大），将原序列的高频振荡消除，y_i 就能把趋势清晰地显现出来。滑动平均模型简单、直观。

3) R/S 法

R/S 法是赫斯特（Hurst，1951）在大量实证研究的基础上提出的一种统计学方法，对自然界中有偏随机游动的现象研究比较有效，能对数据变化的持续性给予预估和判断，并对成分强度进行定量的比较。用 R/S 法可以计算 Hurst 指数 H，对时间序列的未来变化趋势的持续性进行定量描述。其计算过程如下。

对于气候变化因子的时间序列 x_1，x_2，$\cdots$，x_n，其均值系列为

$$y_\tau = \frac{1}{\tau} \sum_{i=1}^{\tau} x_i, \tau = 1, 2, \cdots, n \tag{3-2}$$

极差为

$$R(\tau) = \max_{1 \leqslant t \leqslant n} F(t, \tau) - \min_{1 \leqslant t \leqslant n} F(t, \tau) \tag{3-3}$$

标准差为

$$S(\tau) = \left[\frac{1}{\tau} \sum_{t=1}^{\tau} (x_t - y_\tau)^2 \right]^{1/2} \tag{3-4}$$

赫斯特研究发现，$R(\tau)$ 与 $S(\tau)$ 存在如下关系：

$$R(\tau)/S(\tau) = (C\tau)^H \tag{3-5}$$

式中，C 为常数；H 为幂指数。

两边取对数为

$$\lg[R(\tau)/S(\tau)] = H\lg C + H\lg\tau \tag{3-6}$$

式（3-6）的斜率 H（$0<H<1$）即为 Hurst 指数，不同的 H 代表着不同的变化趋势。当 $H=0.5$ 时，表示时间序列是一个完全独立的随机过程，未来与过去没有关系；当 $H<0.5$ 时，表示时间序列未来的变化趋势与过去相反，具有反持续性，H 越小反持续性越强；当 $H>0.5$ 时，表示时间序列未来的变化趋势与过去一致，具有持续性，H 越大持续性越强。

4）M-K 趋势检验法

在 M-K 非参数检验（Man，1945；Kendall，1948）中，原假设 H_0 为时间序列（x_1，x_2，$\cdots$，x_n）是 N 个独立的、随机变量同分布的样本；对于所有的 i，$j \leqslant N$ 且 $i \neq j$，x_i 和 x_j 的分布是不相同的，检验的统计变量 S 的计算式为

$$S = \sum_{i=1}^{n-1} \sum_{j=i+1}^{n} \mathrm{sgn}(x_i - x_j) \tag{3-7}$$

$$\mathrm{sgn}(x_i - x_j) = \begin{cases} 1, x_i - x_j > 0 \\ 0, x_i - x_j = 0 \\ -1, x_i - x_j < 0 \end{cases} \tag{3-8}$$

Mann 和 Kendall 已经证明该统计量 S 服从正态分布，其均值和方差分别为

$$E(S) = 0 \tag{3-9}$$

$$\mathrm{Var}(S) = N(N-1)(2N+5) \tag{3-10}$$

再对统计变量 S 进行标准化，则标准化统计变量为

$$Z \geqslant \begin{cases} \dfrac{S-1}{\sqrt{\mathrm{Var}(S)}}, S > 0 \\ 0, S = 0 \\ \dfrac{S+1}{\sqrt{\mathrm{Var}(S)}}, S < 0 \end{cases} \tag{3-11}$$

$Z>0$ 时呈现上升趋势，$Z<0$ 时呈下降趋势。在规定的 α 置信水平，若 $|Z| \geqslant Z_{1-\alpha/2}$ 则表示时间序列数据存在显著的上升或者下降趋势，否则变化趋势不显著。$Z_{1-\alpha/2}$ 在置信度为

90%、95% 和 99% 时分别为 1.28、1.64 和 2.32，当 $|Z|$ 大于上述某个取值时，表示通过了对应置信度下的显著性检验。

2. 突变特点分析方法

1）累积距平法

累积距平法要求先求系列的平均值，然后是累加系列各数与平均值的差值，绘制曲线，由此对系列的变化趋势进行分析，曲线的转折点就是突变点。对于有 n 个样本的时间序列 x，序列在某时刻的累积距平为

$$\overline{x_t} = \sum_{i=1}^{t}(x_t - \overline{x}) \tag{3-12}$$

$$\overline{x} = \frac{1}{n}\sum_{i=1}^{n}x_i \tag{3-13}$$

2）M-K 突变检验法

M-K 突变检验法是一种成熟和常用的检测流域降水的长期变化趋势和突变情况的方法，这种方法不需要样本遵循一定的分布，也不受少数异常值的干扰，在正反序列曲线超过临界度曲线的前提下，若正反序列曲线在临界度曲线之间有交点，则该交点为突变点，并具有显著的统计学意义，若有多个交点或者交点在临界度曲线之外，则不确定交点是否为突变点。

应用 M-K 突变检验法进行序列突变检验时，对时间序列 x_t（$t=1$，2，$\cdots$，n），构造一秩序列：

$$S_k = \sum_{i=1}^{k}\sum_{j=1}^{i-1}a_{ij}(k=2,3,\cdots,n;1 \leq j \leq i) \tag{3-14}$$

$$a_{ij} = \begin{cases} 1 & (x_i > x_j) \\ 0 & (x_i > x_j) \end{cases} \tag{3-15}$$

定义统计量：

$$\mathrm{UF}_k = \frac{|S_k - E(S_k)|}{\sqrt{\mathrm{Var}(S_k)}}(k=1,2,\cdots,n) \tag{3-16}$$

$$E(S_k) = k(k=1)/4 \tag{3-17}$$

$$\mathrm{Var}(S_k) = k(k-1)(2k+5)/72 \tag{3-18}$$

式中，$E(S_k)$ 和 $\mathrm{Var}(S_k)$ 分别为累计数 S_k 的均值和方差。

将时间序列 x_t（$t=1$，2，$\cdots$，n）按降序排列，同时使：

$$\begin{cases} \mathrm{UB}_k = -\mathrm{UF}_k \\ k' = n + 1 - k \end{cases} \tag{3-19}$$

当 $k=1$ 时，UF_k 为 0，服从标准正态分布。

运用 M-K 突变检验法检验时间序列的突变性时，将 UF_k 和 UB_k 两条统计量序列曲线和显著性水平为 0.05 的正态分布值 $U_{0.05} = \pm 1.96$ 两条临界线绘制在同一张图上。如果 UF_k 和 UB_k 两条曲线在两条临界线 $U_{0.05} = \pm 1.96$ 之间相交，则说明该序列有突变，交点对应的时刻便是突变开始的时间。

3. 周期规律分析方法

1）小波分析法

小波分析法适用于研究具有多时间尺度变化特性和非平稳特性的水文气象序列（Foufoula-Georgiou et al., 1994）。小波分析在时域和频域上具有良好的局部化功能，能够揭示出水文时间序列多尺度变化特征，识别其中隐含的不同时间尺度的主要变化周期，并能对未来发展趋势进行预测。采用的复数小波 Morlet 小波定义为

$$W_f(a, b) = \frac{1}{\sqrt{a}} \int_R f(t) e^{ic\left(\frac{t-b}{a}\right)} e^{\frac{t}{a}\left(\frac{t-b}{a}\right)^2} \mathrm{d}t \tag{3-20}$$

式中，$W_f(a, b)$ 为小波变化系数；a 为尺度因子，表示小波的周期尺度；b 为时间因子，表示时间上的平移。

2）CEEMD 法

CEEMD 法（Yeh et al., 2010）以 EMD 法（Huang et al., 1998）、EEMD 法（Wu et al., 2007）为基础，是对 EEMD 方法的进一步改进，加入了正、负对形式的辅助噪声，不仅克服了 EMD 法中存在的模态混叠现象，还能够良好地消除重构信号中残余的辅助噪声。

CEEMD 分解步骤如下：

（1）在原始时间序列中随机添加 n 组幅值相反且均值为 0 的白噪声序列，从而产生 $2n$ 个集合信号。

$$\begin{bmatrix} 1 & 1 \\ 1 & -1 \end{bmatrix} \begin{bmatrix} S \\ N \end{bmatrix} = \begin{bmatrix} Z_1 \\ Z_2 \end{bmatrix} \tag{3-21}$$

式中，Z_1、Z_2 分别为添加正、反白噪声后的时间序列信号；N 为辅助噪声信号；S 为原始信号。

（2）利用 EMD 法对每个集合信号进行分解，每个集合信号得到一组 $m-1$ 个 IMF 分量与 1 个趋势余量。

（3）将相应的 IMF 分量与趋势项取均值，作为最终分解结果。

$$c_j = \frac{1}{2n} \sum_{i=1}^{2n} c_{ij} + \frac{1}{2n} \sum_{i=1}^{2n} c_{im} \tag{3-22}$$

式中，c_j 为序列分解后的 IMF 分量，$1 \leq j \leq m$，当 $j = m$ 时为趋势项；c_{ij} 为第 i 个信号的第 j 个 IMF 分量；n 为添加白噪声序列的组数，$1 \leq j \leq n$。

4. 空间分布分析方法

利用 EOF 法（朱拥军，2005）研究气候变化因子的空间分布规律。EOF 法借助降维的思想，将随时间变化的变量场矩阵分解为两相互正交的矩阵，即只依赖空间变化的空间函数和只依赖时间变化的时间函数部分，能够较好地反映出变量场的原始特征，快速地将原始变量场的大量信息浓缩为少数几个综合指标，对不规则分布的站点进行分解，得到具有明确物理意义的空间结构，减小在进行空间研究时时间因素的影响。

3.2 降 水 量

京津冀区域内面平均降水量为 350~770mm/a。研究区年降水量空间分布极不均匀，总的趋势是东南地区多于西北地区（图3-3），研究区内主要有两个少雨区：其一为年降水量不足 400mm 的河北西北部；其二为年降水量不足 500mm 的邢台、南宫一带。研究区的多雨区为遵化、青龙、秦皇岛一带，年降水量达 600mm 以上。研究区年内降水时段分配也极不均匀，降水基本集中在夏季，甚至集中于夏季的几次暴雨，这就导致该地区降水变率大，强度大，极易产生涝灾。而在春季、秋季和冬季，该地区呈现干旱少雨的现象，极易产生旱灾。

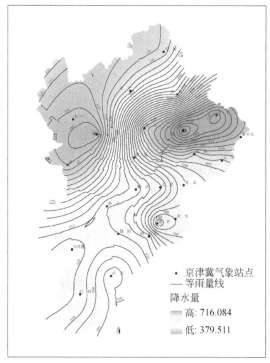

图3-3 京津冀地区年降水量空间分布

京津冀自古以来气象灾害频繁，研究区几乎每年都会出现旱、涝、暴雨、冰雹、高温、霜冻等自然灾害，其中旱涝灾害影响最大，范围最广。旱灾以春旱最多，研究区有"十年九旱"之说，且呈现范围广、影响大、灾情重的特点，部分地区旱情严重时甚至人畜饮水困难，近几年如2014年北方发生干旱灾害，这给人民生产生活以及生态环境带来了重大威胁。而涝灾多发生在某一区域，但大范围水涝灾害亦不乏其例，如2016年包括京津冀在内的全国大部分地区出现了暴雨洪涝灾害，据相关资料记载全年洪涝灾害损失达3661亿元。

3.2.1 年内变化分析

通过分析降水在年内的集中度和集中期来研究降水的年内变化规律，两者能很好地反映在一定过程内两者的非均匀性时空变化特征，利用向量分析的原理定义区域降水量时间分配特征的参数，利用集中度反映时段内降水的集中程度，集中期反映年内最大降水出现的时段（门宝辉和刘昌明，2013）。当所得集中度大于多年平均值时，说明该年降水比较集中，否则该年降水比较分散。

京津冀地区的降水集中度在 0.54 ~ 0.80，在 1980 年之后波动更加剧烈 [图 3-4 (a)]。其中，在 1960 ~ 1963 年、1973 ~ 1978 年、1994 ~ 1996 年等时段，降水集中度大于多年平均值，则该时段降水连续集中，而在 1997 ~ 2004 年、2007 ~ 2010 年等时段，降水集中度小于多年平均值，则该时段降水连续不集中，其他时段降水集中度偏大或偏小交替出现，没有明显的降水集中期或降水不集中期。从京津冀地区降水集中期的年际变化曲线 [图 3-4 (b)] 可以得出，集中期在波动中呈现下降趋势，尤其是在 1979 年之后，降水集中期大部分年份低于多年平均值，说明京津冀地区降水集中期呈现提前的趋势。

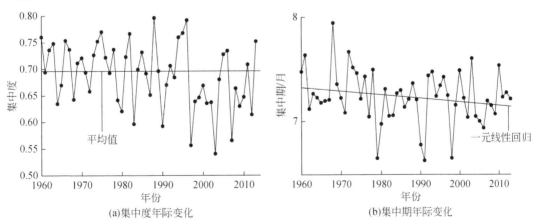

图 3-4　京津冀地区降水集中度和集中期变化

从空间上分析降水的集中度和集中期的图 3-5 显示，降水集中度呈现由区域西南部到东北部逐渐增加的趋势，说明该地区降水量年内分布由西南到东北呈现更加不均匀的趋势。最大值出现在遵化附近，可达 0.725，而最小值出现在南宫附近，为 0.645 左右。京津冀地区降水集中期地域差异不大，都集中在 7 月。总体来看，东北部地区降水集中期集中在 7 月上旬，而西南部地区降水集中期主要分布在 7 月中旬，东北部地区的降水集中期要提前于西南部地区。

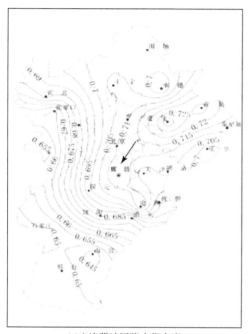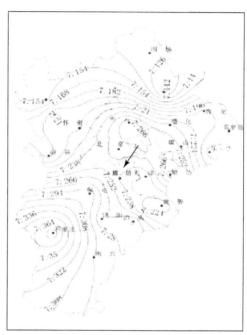

(a)京津冀地区降水集中度　　　　　　　　(b)京津冀地区降水集中期

图 3-5　地区降水集中度和集中期空间分布

通过对京津冀地区各站每年的降水集中度和集中期进行时间尺度和空间尺度的分析，结果表明：京津冀地区降水集中度在 0.54~0.80，集中期在 7 月前后，因此该地区降水较集中。京津冀地区的降水集中期年际变化在波动中呈现下降趋势，表明该地区降水集中期呈现提前的趋势。从空间来看，京津冀地区降水集中度从东北部区域到西南部区域呈现降低的趋势，这可能与距离海洋远近有关；京津冀地区降水集中期均集中在 7 月，符合我国大部分地区降水"雨热同期"的特点，同时可以发现降水集中期由北到南呈现逐渐增加的趋势，表明在京津冀地区降雨集中期由南到北渐次提前。

3.2.2 趋势性分析

采用累积距平法对京津冀地区年平均降水量进行分析，核心在于通过累积距平曲线明显的起伏波动可判断序列长期显著的趋势变化，当一段时间曲线呈现上升趋势时，表明此时为丰水段；当一段时间曲线呈现下降趋势时，表明此时为枯水段，京津冀地区面降水量年序列累积距平曲线如图 3-6 所示。

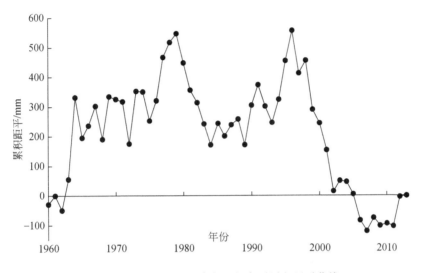

图 3-6　京津冀地区面降水量年序列累积距平曲线

由图 3-6 可知，京津冀地区降水量变化具有丰枯交替的特点，2007 年出现最低点，1996 年出现最高点。总体来看，可将 1960 ～ 2013 年的降水变化分为四个阶段：1960 ～ 1979 年、1979 ～ 1993 年、1993 ～ 1996 年、1996 ～ 2013 年，分别对应丰水期—枯水期—丰水期—枯水期。具体来看，1960 ～ 1962 年、1965 ～ 1975 年、1984 ～ 1989 年、2007 ～ 2011 年丰枯交替出现，变化频率较高，总体变化差异较小，1962 ～ 1964 年、1975 ～ 1979 年、1989 ～ 1991 年、1993 ～ 1996 年为丰水段，1979 ～ 1984 年、1996 ～ 2013 年总体呈下降趋势，内部有微小上升波动，为枯水段。

下面采用 R/S 法分析京津冀地区降水变化的持续性，将 54 年的降水分成多个等长的子序列，将获得的多个 R/S 的值取平均，得到一系列相对应的 lg（R/S）和 lg（r），最终应用最小二乘法进行拟合得到 Hurst 指数（图 3-7）。

由图 3-7 可知，应用最小二乘法所得的 Hurst 指数为 0.5529，说明序列呈现持续性变化的特征，说明京津冀地区降水在近 50 多年间呈现的下降趋势将可能在未来一段时间内仍持续呈现下降趋势。

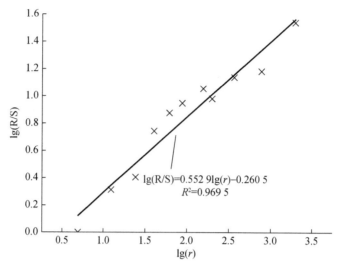

图 3-7　地区降水量时间序列 lg（R/S）-lg（r）曲线

根据京津冀地区区域平均年降水序列，利用 M-K 趋势检验法对该区域降水年际变化规律进行了分析。结果表明：京津冀地区区域平均年降水序列的统计量 Z 值为 -0.5222，表明该地区降水量呈现下降趋势。而置信水平 $\alpha = 0.05$ 所对应的 Z 值为 1.96，序列的 UF 值都小于 1.96，未通过显著性水平检验，所以该地区降水量下降趋势不显著。

3.2.3　突变性分析

为了研究京津冀地区降水的突变规律，采用 M-K 突变检验法对研究区的降水进行突变分析的检验结果如图 3-8 所示。

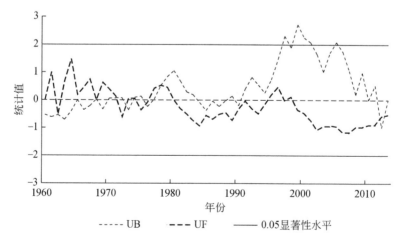

图 3-8　年降水序列的 M-K 突变检验法检验结果

由图3-8可知，京津冀地区区域平均年降水量在1960～1971年总体呈现上升趋势，在1962年UF曲线与UB曲线相交，且相交点位于0.05显著水平区间内，故1962年为突变的起始年。从1981年起年降水量总体呈现下降趋势，其间有短暂上升段，1968～1978年UF曲线与UB曲线发生6次相交，分别在1968年、1971年、1973年、1974年、1976年、1978年，且交点均位于0.05显著水平区间内，进一步分析可知1978年前后降水量开始发生突变。在2011年和2012年UF曲线与UB曲线分别相交，且交点位于置信区间内，可以预见未来几年内降水量可能再次发生突变。

3.2.4　周期性分析

为了验证降水量的变化趋势和M-K突变检验法求得的突变点，本章采用了完整集合经验模态分解（门宝辉和孙述海，2022）对京津冀地区降水量进行研究。CEEMD法以EMD法、EEMD法为基础，是对EEMD法的进一步改进，加入了正、负对形式的辅助噪声，不仅克服了EMD方法中存在的模态混叠现象，还能够良好地消除重构信号中残余的辅助噪声。

本章通过CEEMD法对京津冀地区1960～2013年的区域平均年降水量序列进行分解，得到4个本征模态函数如图3-9所示。

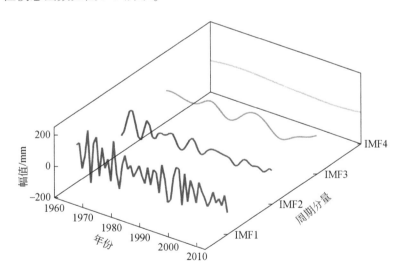

图3-9　年降水量序列的CEEMD法模态分解结果

（1）京津冀地区年降水量序列可以分解为4个具有不同波动周期的IMF分量，说明京津冀地区降水序列包含多个时间尺度的特征。

（2）在分解出的IMF中IMF1和IMF2的频率和振幅最大。其中在1965年前后和1975

年左右振幅波动较大，与利用 M-K 突变检验法分析得出的 1978 年发生突变相对应。而 IMF3 在 1990 年和 2010 年前后振幅较大，与利用 M-K 突变检验法分析得出的 2012 年之后降水量可能开始发生突变相对应。

（3）分解出的 IMF4 分量的振幅变化不大，变化频率减小且趋于平稳。

（4）为具体分析 IMF 分量的周期，本章采用快速傅里叶变换（FFT）求平均周期的方法对各个 IMF 分量进行分析，从图 3-10 周期频谱图可以看出能量集中于 3 年的小尺度之内，对应的周期为 3 年。同样，第二、第三、第四大能量的分量对应的平均周期分别为 6.75 年、18 年、27 年，说明京津冀地区的年平均降水量序列包含多个时间尺度。

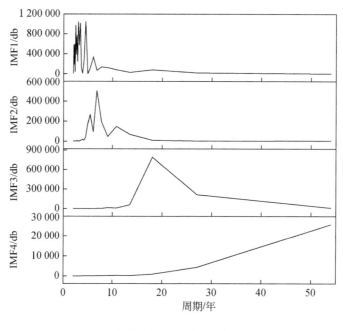

图 3-10 周期频谱图

3.2.5 空间特征分析

本章通过 EOF 法对京津冀地区降水量的空间分布规律进行研究，该方法借助降维的思想，将随时间变化的变量场矩阵分解为两相互正交的矩阵，即只依赖空间变化的空间函数和只依赖时间变化的时间函数部分。

EOF 法能够较好地反映出变量场的原始特征，这是由于该方法的分解是由变量场本身来确定，而不是实现人为规定的模型，该方法能够快速地将原始变量场的大量信息浓缩为少数几个综合指标，对不规则分布的站点进行分解得到具有明确物理意义的空间结构。

本章选取了经 EOF 法分解后方差贡献率最大的四个空间序列，其中第一特征向量的方差贡献率为 52.38%、第二特征向量的方差贡献率为 11.76%、第三特征向量的方差贡献率为6.94%、第四特征向量的方差贡献率为 5.60%（图 3-11）。

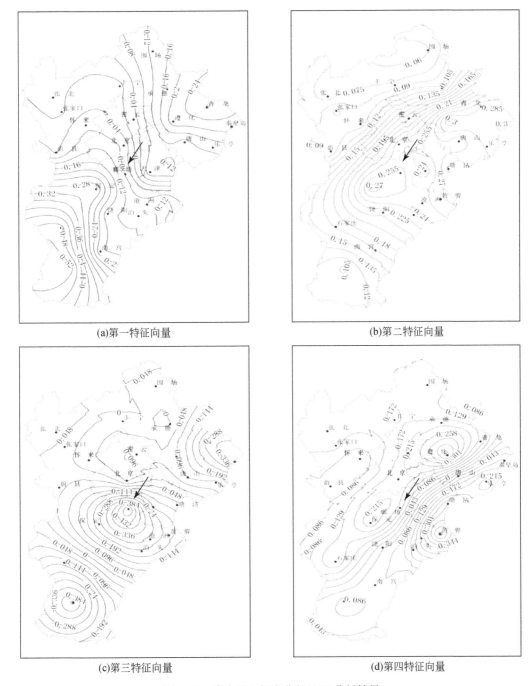

(a)第一特征向量　　　　　　　　　(b)第二特征向量

(c)第三特征向量　　　　　　　　　(d)第四特征向量

图 3-11　降水量空间变化的 EOF 分析结果

第一特征向量的方差贡献率为 52.38%，所以第一特征向量为京津冀地区降水量变化的主要特征形式，全部地区符号一致，反映 1960～2013 年京津冀地区降水变化呈现同步性，但是东部临海地区的数值大于西部内陆地区，最大值分布在秦皇岛—唐山—天津—沧州地区，表明东部临海地区降水量增加量或减少量要大于西部内陆地区［图 3-11（a）］。从这种降水空间分布规律可以看出，降水量空间分布与海洋距离的远近存在关系。

第二特征向量数值由东部向西部逐渐递减，表明降水量变化由东部向西部逐渐递减［图 3-11（b）］。

第三特征向量数值由中部地区向东南和西北逐级递减，但西北数值与中部地区数值均为正，东部和南部地区数值为负［图 3-11（c）］，表明中部地区降水量变化与东部和南部呈现相异性，即中部地区降水量增加或减少时东部和南部的降水量减少或增加。

第四特征向量数值由以廊坊为中心的中部地区向东北和西南方向逐级递减，中部地区符号为正，东北和西南地区符号均为负，且最小值相差不大［图 3-11（d）］，表明京津冀地区降水量存在中部与东北和西南方向的差异，降水变化呈现相异性，即当中部地区降水量增加或减少时，东北和西南地区降水量呈现减少或增加的趋势。

本章采用 EOF 法将京津冀地区降水量分解为与空间无关的时间变化序列和与时间无关的空间变化序列，结果表明：京津冀地区空间分布规律有四个典型特征，分别为临海-内陆差异型、东北-西南逐级递减型、中部-西北、东南逐级递减型、中部-东北、西南逐级递减型，其中临海-内陆差异型的方差贡献率为 52.38%，表明该分布为京津冀地区降水主要空间分布形式，这也与京津冀地区温带季风性气候相对应。

3.3　气　　温

3.3.1　趋势及周期分析

为了消除不稳定的波动，显示出气温变化的平稳性，采用了线性趋势线和 5 年滑动平均法研究 54 年来京津冀地区的气温变化整体趋势。由图 3-12 可知，1960～2013 年京津冀地区的气温整体呈现出上升趋势，上升幅度达到了 0.026℃/10a，与当前全球气候变暖的现状相一致；5 年滑动平均趋势线反映了京津冀地区呈现升温和降温交替出现的情况，20世纪 60 年代气温整体呈现下降趋势，从 70 年代开始缓慢上升，之后又在 80 年代经历了缓慢下降，直到从 90 年代末开始，该地区出现了一段温度迅速升高的时期，这是该地区在近年来气温整体升高的主要原因，不过在最近几年，气温再次呈现出了小幅下降趋势。

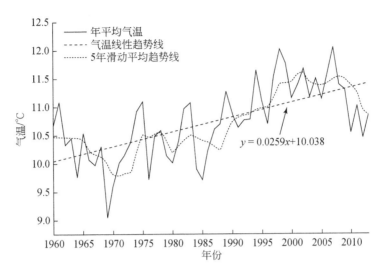

图 3-12　年平均气温整体变化趋势

随着时间的增加，序列变化的整体趋势当中会出现局部的变化趋势，本章从年平均气温出发，利用小波变化分析多年气温变化的趋势性。Morlet 小波用于时间序列分析时，小波信号和时间序列的变化趋势基本一致，小波系数的实部包含了时间和尺度信号两方面信息，模的大小则表征时间尺度信号的强弱，模的值越大，时间和尺度的周期越明显；模平方项可以作为在各尺度周期以及各周期在各时间域上的分布判据，消除实型小波的虚假振荡，使得分析更为准确。

根据京津冀地区 25 个气象站 54 年（1960～2013 年）的数据，先对数据进行预处理，再对年平均气温按对称性延拓法延伸原序列，然后根据小波的模平方得到等值线图（图 3-13），图 3-13 的横轴表示时间，纵轴表示周期，用灰度表示大小，颜色越深则能量越大，由图 3-13 可知多年尺度的气温变化趋势。

从年平均气温 Morlet 小波变换系数的模平方时频分布（图 3-13）可以看出气温变化的年际和年代际特征十分明显，波动能量基本贯穿整个时间域范围，尺度范围为 5～32 年，以 20 世纪 80 年代末期为界可以划分成两个阶段，第一阶段振荡中心在 1975 年左右，振荡尺度中心为 27 年；第二阶段振荡中心接近 2010 年，振荡尺度中心为 30 年，能量在时间域上的强能量范围集中在 1990 年之后，变化梯度明显增强，说明气温在这个尺度上有明显的增加趋势。

为了验证上述气温整体变化趋势和周期特性研究的准确性，采用 CEEMD 法对京津冀地区 1960～2013 年的年平均气温序列进行分解，得到 4 个本征模态函数，如图 3-14 所示。

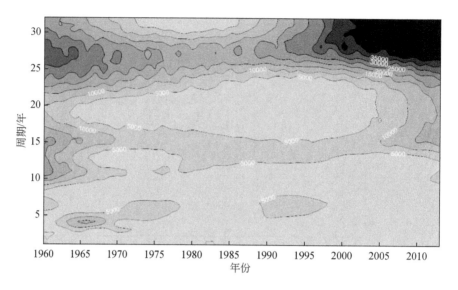

图 3-13　气温变化的小波变换模平方时频分布

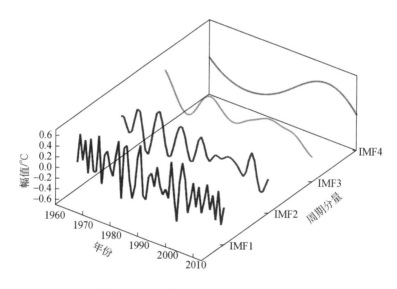

图 3-14　年平均气温 CEEMD 分析结果

（1）京津冀地区年气温序列可以分解为 4 个具有不同波动周期的 IMF 分量，说明京津冀地区气温序列包含多个时间尺度的特征。

（2）在分解出的 IMF 分量中 IMF1 的频率和振幅最大。其中在 1980 年前后和 2000 年左右振幅波动较大，在这两个时期气温发生突变的可能性较大，而 IMF2 在 20 世纪 70 年代中期和 80 年代中期振幅较大，说明这两个时段气温的变化幅度也比较大，与年平均气温和 5 年滑动平均的趋势相一致。

（3）分解出的 IMF3 和 IMF4 分量的振幅变化不大，变化频率减小且趋于平稳。

（4）为具体分析 IMF 分量的周期，本章采用 FFT 求平均周期的方法对各个 IMF 分量进行分析，得到的结果如图 3-15 周期频谱图所示。从 IMF1 的功率-周期关系曲线可以看出能量集中于 4 年的小尺度之内，利用 Matlab 编程计算可得图 3-15 最高的点对应的周期为 4 年。通过计算可得第一周期、第二周期、第三周期分别为 4 年、7 年、18 年，说明京津冀地区的年平均气温序列包含多个时间尺度。

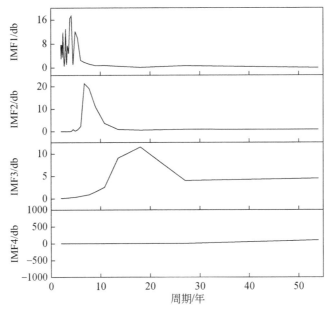

图 3-15　气温周期频谱图

采用 R/S 法对气温的年尺度时间序列进行分析，根据 R/S 法原理，得到双对数 lg（R/S）-lg（r），如图 3-16 所示。

利用 lg（R/S）-lg（r）的相关关系采用最小二乘法拟合得到 Hurst 指数为 0.919，Hurst 指数大于 0.5 且接近 1，且 R^2 达到 0.9504，这说明京津冀地区的气温变化有很强的状态持续性。根据线性趋势线拟合和 5 年滑动平均的变化趋势，京津冀地区在未来一段时间内还会持续之前的升温势头，并且这种气温上升的状况极大可能会长时间持续存在。

再利用 M-K 趋势检验法对京津冀地区 25 个气象站的年平均气温数据进行趋势检验，由图 3-15 可知，京津冀地区 1960~2013 年气温呈现上升趋势，并且通过了 0.05 的显著性检验，说明气温增加的趋势十分明显，其中在 20 世纪 90 年代以后 UF 值超过了 0.05 的显著性水平，说明在 90 年代以后有明显的升温趋势，这与上述其他方法所得结果一致。

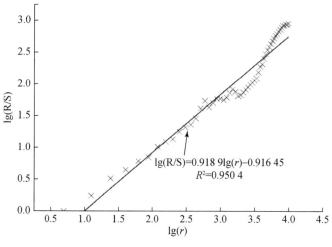

图 3-16　气温变化的 lg（R/S）-lg（r）关系

3.3.2　突变性分析

通过以上方法研究得出京津冀地区的气温在 1960～2013 年有很强的升高趋势，与此同时需要研究在升温过程中出现的气温突变特点，即在升温过程中升温幅度与之前一段时间有很多不同的年份。本章采用 M-K 突变检验法研究气温突变特点，并利用 SPSS 对突变前后的年平均气温序列的差异做显著性检验，以此来保证突变点的准确性。

利用 M-K 突变检验法对京津冀地区的气温进行突变检验时，根据 UF 和 UB 曲线交点的位置（图 3-17），处于上下显著性水平之间，说明气温在 20 世纪 80 年代末发生了突变，

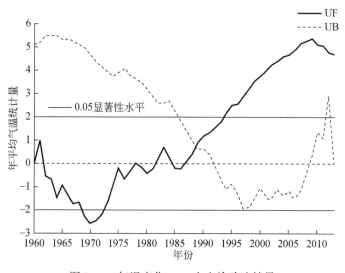

图 3-17　气温变化 M-K 突变检验法结果

在突变点之后气温发生了显著升高，这也是在对年平均气温进行线性拟合时，1960～2013年气温呈现较高的增长趋势的主要原因。

为了再次验证 M-K 突变检验法确定的突变点的准确性，本章利用 SPSS 对突变点前后的年平均气温的差异进行显著性检验。因为本研究所取的样本序列时间不长，所以采用了两独立样本的非参数检验，以分析样本的总体是否存在显著性差异。

本研究采用了曼–惠特尼 U 检验和 K-S 检验，所得结果如表 3-2 所示。

表 3-2　突变前后非参数检验

曼–惠特尼 U 检验		K-S 检验	
Z	−5.3	Z	2.487
渐近显著性（双尾）	0.00	渐近显著性（双尾）	0.00

由表 3-2 可知，对于曼–惠特尼 U 检验和 K-S 检验突变前后的两组气温序列，所得渐进显著性接近 0，小于 0.05，说明两序列具有显著的统计学意义，在突变点前后的两组气温序列存在显著性差异，同时证明了用 M-K 突变检验法求得突变点的准确性。

3.3.3　空间分布特征分析

采用 EOF 法对京津冀地区的气温空间分布规律进行研究，根据各气象站的气温序列的主要特征来确定正交函数的形式，对揭示气温的空间差异和变化规律具有十分重要的意义。

根据 EOF 法分解的特征向量虽然不能代表气温的高低，但是能反映气温的分布结构，并且特征值的大小反映了气温的变化程度。根据特征值贡献率的大小和占比，本章取前三个特征向量（图 3-18），累积贡献率达到了 91.92%（表 3-3），反映了该地区气温空间变化的主要特征。

表 3-3　气温主要特征值贡献率

序号	特征值	贡献率/%	累积贡献率/%
1	24.17	82.65	82.65
2	1.95	6.68	89.33
3	0.76	2.59	91.92

第一特征向量的贡献率达到了 82.65%，远远超过了其他向量的贡献率，说明该向量

反映的分布规律是京津冀地区气温分布规律的主要特征。由图 3-18（a）可知，该地区特征向量符号表现出了整体上的一致性，均为正值，说明京津冀地区气温的变化呈现一致性。颜色深的部分出现在远离海洋的地区和以北京、天津为中心的地区，说明这两个地区在 1960～2013 年气温变化相对较大，沿海地区气温相对变化较小，变化趋势呈现出从沿海向内陆递增的趋势。

第二特征向量的贡献率达到了 6.68%，也是一种比较有代表性的京津冀地区气温空间分布特征。图 3-18（b）出现了特征向量符号不同的状况，说明部分地区也会出现气温呈现相反性变化的特征。正值中心出现在东部沿海地区和北部海拔较高的地区，负值中心出现在南部内陆地区，这种差异说明在一定条件下，北部和东部出现升温情况时，南部内陆地区会出现降温；北部和东部出现降温情况时，南部内陆地区会出现升温。

第三特征向量的贡献率达到了 2.59%，也是一种会偶尔出现的气温空间分布形式。这种分布呈现明显的东西差异，在东部沿海和北京出现正值的峰值，在西部出现负值 [图 3-18（c）]，虽然这种形式不是该地区气温变化的主导形式，但也会在一段较长时间内的某一年中出现，即东部地区和西部地区气温变化相反，且以北京为中心的小部分地区气温变化最为剧烈。

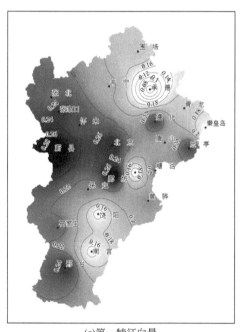

(a)第一特征向量

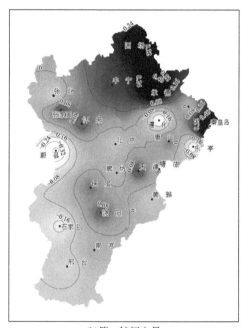

(b)第二特征向量

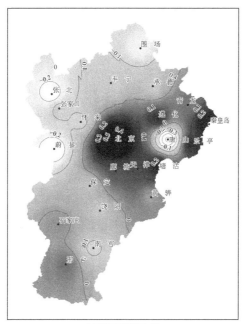

(c)第三特征向量

图 3-18　气温变化的 EOF 分解结果

3.4　蒸　散　发

3.4.1　变化趋势分析

采用线性趋势线和 5 年滑动平均法研究 1960~2013 年京津冀地区的蒸散发变化整体趋势。由图 3-19 可知，1960~2013 年京津冀地区的蒸散发整体呈现出上升趋势。5 年滑动平均趋势图反映出京津冀地区也呈现出了蒸散发升高和下降交替出现的情况，20 世纪 60 年代气温整体呈现上升趋势，从 70 年代先缓慢下降再上升，在 80 年代经历了上升后 90 年代呈现下降，2000 年左右该地区出现了一段蒸散发迅速升高的时期，不过在 2010 年之后，蒸散发再次呈现出了小幅下降趋势。

采用 R/S 法对蒸散发的年尺度时间序列进行分析，根据 R/S 法原理，得到双对数 lg（R/S）-lg（r），如图 3-20 所示。采用最小二乘法拟合得到 Hurst 指数为 0.924，Hurst 指数大于 0.5 且接近 1，且 R^2 大于 0.9，这说明该序列有很强的状态持续性。根据线性趋势线拟合和 5 年滑动平均变化趋势，京津冀地区蒸散发在未来一段时间内可能会缓慢上升，并且这种蒸散发上升的状况极大可能会长时间持续存在。

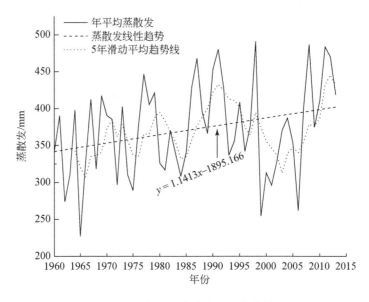

图 3-19　年平均蒸散发的变化趋势

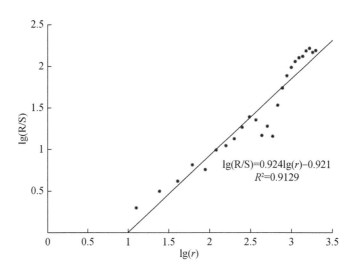

图 3-20　地区蒸散发 lg (r) -lg (R/S) 曲线

根据京津冀地区区域平均年蒸散发序列,利用 M-K 趋势检验法对该区域蒸散发年际变化规律进行了分析。结果表明:京津冀地区区域平均年蒸散发序列的统计量 Z 值为 2.029, 表明该地区降水量呈现上升趋势。而置信水平 $\alpha = 0.05$ 所对应的 Z 值为 1.96, 序列的 UF 值都大于 1.96, 通过了显著性水平检验, 所以该地区蒸散发呈显著上升趋势。

3.4.2　突变性分析

为了研究京津冀地区蒸散发的突变规律，采用 M-K 突变检验法对研究区的蒸散发进行突变分析，其结果如图 3-21 所示。由图 3-21 可知，京津冀地区区域平均年蒸散发在 2000 年和 2010 年 UF 曲线与 UB 曲线相交，且相交点位于 0.05 显著水平区间内，故蒸散发在 2000 年和 2010 年发生突变。且在 2000 年左右京津冀地区年蒸散发呈现出非显著性的上升趋势，在 2010 年后有缓慢下降趋势。

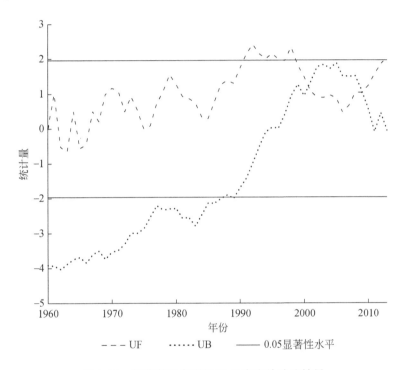

图 3-21　年蒸散发序列的 M-K 突变检验法结果

3.4.3　周期性分析

为了验证上述蒸散发整体变化趋势研究的准确性，采用 CEEMD 法对京津冀地区 1960～2013 年的年平均蒸散发序列进行分解，得到 4 个本征模态函数，如图 3-22 所示。

（1）京津冀地区年蒸散发序列可以分解为 4 个具有不同波动周期的 IMF 分量，说明京津冀地区蒸散发序列包含多个时间尺度的特征。

（2）在分解出的 IMF 中 IMF1 的频率和振动幅度最大。其中在 1965 年前后和 2000 年

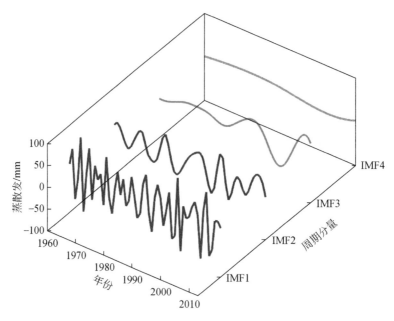

图 3-22　年平均蒸散发 CEEMD 分析结果

左右振幅波动较大，在这两个时期蒸散发发生突变的可能性较大，而 IMF2 在 20 世纪 80 年代和 90 年代中期振幅较大，说明这两个时间蒸散发的变化幅度也比较大，与年平均蒸散发和 5 年滑动平均的趋势相一致。

（3）分解出的 IMF3 和 IMF4 分量的振幅变化较小，IMF3 在 2000 年左右波动较大一些。

（4）为具体分析 IMF 分量的周期，本章采用 FFT 求平均周期的方法对各个 IMF 分量进行分析，得到的结果如图 3-23 所示。从 IMF1 的功率-周期关系曲线可以看出能量集中于 3 年的小尺度之内，利用 Matlab 编程计算可得图 3-23 最高的点对应的周期为 3 年。通过计算可得第一周期、第二周期、第三周期分别为 3.38 年、6.75 年、18 年，说明京津冀地区的年平均蒸散发序列包含多个时间尺度。

3.4.4　空间特征分析

本章选取了经 EOF 法分解后方差贡献率最大的 3 个空间序列（图 3-24），其方差贡献率分别为 55.37%、8.53%、5.23%，累计贡献率达到 69.13%，具有一定的代表性。

第一特征向量的方差贡献率达到了 55.37%，表示其为京津冀地区蒸散发变化的主要方式，全部地区符号一致，反映了 1960～2013 年京津冀蒸散发变化具有一致性。中部和南部地区的数值要大于北部地区的数值，最大值集中在保定周围地区，表明中南部地区蒸散发增加量或减少量要大于北部地区。

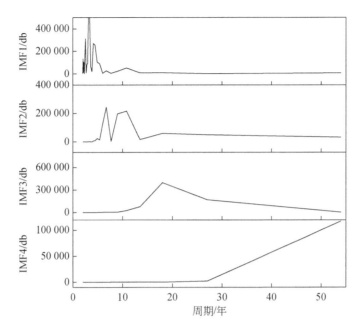

图 3-23　年平均蒸散发频谱图

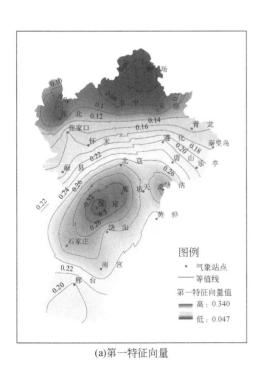

(a)第一特征向量

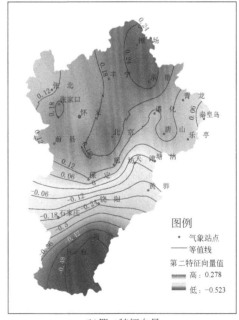

(b)第二特征向量

(c)第三特征向量

图 3-24　年均蒸散发变化的 EOF 分解结果

第二特征向量数值表现出从区域北部向中南部逐渐减少的趋势，最大值位于区域北部承德、围场地区，最小值出现在南宫、邢台地区；并且区域北部数值为正值，区域南部为负值；表明京津冀地区蒸散发存在北部和南部方向的差异，蒸散发变化呈现相异性，即当北部地区蒸散发增加或减少时，南部地区蒸散发减少或增加。

第三特征向量数值表现出从区域东部向中西部逐渐减少的趋势，最大值位于区域东部黄骅、塘沽地区，最小值出现在石家庄、邢台地区；并且区域东部为正值，区域西部为负值；表明京津冀地区蒸散发存在北部和南部方向的差异，蒸散发变化呈现相异性，即当东部地区蒸散发增加或减少时，西部地区蒸散发减少或增加。

3.5　小　　结

通过对京津冀地区降水、气温和蒸散发的时序成分及空间分布进行分析，得到以下结论。

（1）通过对该地区降水集中度和集中期在空间和时间尺度的分析，得知京津冀地区降水集中程度高低交错变化，在波动中呈现下降趋势，说明京津冀地区降水集中度呈现下降趋势；京津冀地区降水集中期同样在年内呈现高低交错变化，在波动中呈现下降趋势，说明京津冀地区降水集中期呈现提前的趋势。京津冀地区降水集中度在空间范围内由东北地区到西南地区逐渐降低，表明近海地区降水集中程度更高；该地区降水集中期在空间范围内由南到北渐次提前，但前后相差不大，基本集中在7月。

在年际尺度上，京津冀地区降水在1960~2013年总共发生3次突变，突变起始年份分别为1962年、1978年和2012年；在54年的时间尺度内，主要存在6.75年、18年、27年左右的交替变化主周期；并且降水54年来丰枯交替变化，且在波动中呈现下降趋势，在未来一段时间京津冀地区降水仍将呈现下降趋势，但降水随机性较强；选取方差贡献率前四的四种模态利用克里金法进行空间插值得到四种空间分布规律图，分别为临海-内陆差异型、东北-西南逐级递减型、中部-西北、东南逐级递减型、中部-东北、西南逐级递减型，其中临海-内陆差异型的方差贡献率为52.38%，表明该分布为京津冀地区降水主要空间分布形式，这也与京津冀地区温带季风性气候相对应。

（2）京津冀地区年平均气温呈现显著增加趋势，整个京津冀地区的气温增加率达到了0.26℃/10a，尽管在20世纪70年代出现了缓慢的降温趋势，但从80年代末期开始，气温的增加趋势显著提高，也就是在这个时期气温变化趋势发生了突变，也通过了气温前后序列显著性差异的检验；并且通过R/S法分析可知，该地区的气温上升趋势仍然将持续出现；气温的变化可以分为多个时间尺度，主要存在4年、7年、18年三个主周期；通过EOF法对京津冀地区的气温变化进行分析，方差贡献率最大的向量分布表明整个地区的气温变化呈现一致性变化的特点，远离海洋的内陆地区和以北京、天津为中心的小部地区气温变化更为明显；从其他的向量分布来看，比较显著的特征是东部沿海和高海拔地区会出现与南部内陆地区气温变化相反的趋势，偶尔会出现较为明显的东西差异。

（3）京津冀地区年平均蒸散发时序存在交替变化特征，总体上呈现上升趋势，京津冀地区蒸散发在未来一段时间内可能会缓慢上升，并且这种蒸散发上升的状况极大可能会长时间持续存在；通过CEEMD法分析得到时序存在三个主周期3.38年、6.75年、18年，说明京津冀地区的年平均蒸散发序列包含多个时间尺度；京津冀地区的蒸散发于2000年和2010年发生突变，且在2000年左右京津冀地区年蒸散发呈现出非显著性的上升趋势，在2010年后有缓慢下降趋势；用EOF法对京津冀地区的蒸散发变化进行分析，表明京津冀地区中南部蒸散发增加量或减少量要大于北部地区，且蒸散发变化呈现南北相异性和东西相异性。

本章认为人类活动、大气环流的变化以及海陆冷暖气流的共同作用是京津冀地区在1960~2019年气温和降水发生变化的主要原因。东亚地区的大气环流对该地区的降水有十分重要的影响，近些年来，东亚地区经向和纬向的水汽输送有所减弱，并且当我国华北地区被暖高压系统控制时，它会在一定程度上阻隔来自北极地区冷空气向该地区的输送，这导致了近年来该地区降水量的减少。京津冀地区是我国的政治和文化中心，人口众多，城市化发展速度较快，同时三次产业占比的变化等都对京津冀地区气温、蒸散发和降水造成了很大的影响。

第4章 水文情势及水资源变化

水文情势主要是指河川径流和水质等水文要素随时间或空间的变化情况，是分析区域水资源变化规律的有效方式和途径。本章选取常年有水的潮河下会水文站的径流序列，采用滑动平均法对径流序列进行趋势分析，采用 M-K 突变检验法进行径流序列的突变性分析，采用 CEEMD 法对径流序列的周期性进行分析；根据 2005～2020 年水资源公报统计数据，分析京津冀的地表水资源、地下水资源、水资源总量，以及供水量和用水量变化趋势，以摸清京津冀地区径流等水文情势和水资源变化规律。

4.1 数据资料与研究方法

4.1.1 数据资料

本章的数据资料主要包括径流数据和水资源数据，其中径流数据主要来自中国水文统计年鉴潮河下会水文站 1973～2010 年的年平均流量序列，水资源数据主要包括北京市水资源公报（2005～2020 年）、天津市水资源公报（2005～2020 年）和河北省水资源公报（2005～2020 年）。

4.1.2 研究方法

为了研究年径流序列的趋势性、突变性和周期性的变化规律，本章采用线性相关趋势法、滑动平均法、M-K 突变检验法以及 CEEMD 法，各方法的计算过程见第 3 章的相关内容。

4.2 水 域 概 况

4.2.1 河流水系

京津冀区域位于海河流域，境内分布的主要水系是海河和滦河（图 4-1）。其中，北京市和天津市全部位于海河流域，河北省大部分位于海河流域，一部分位于滦河流域。

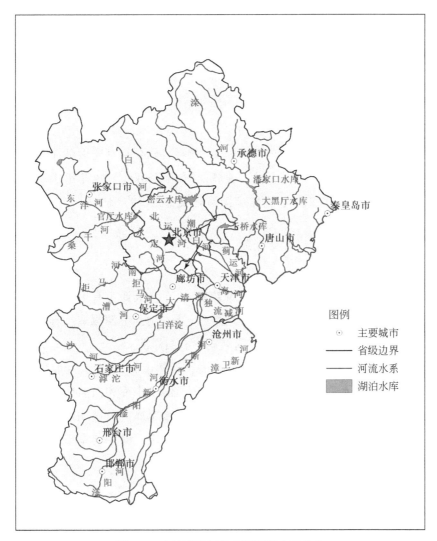

图 4-1　京津冀地区的主要河流水系分布

　　海河流域包括五大河流，分别为北三河（蓟运河、潮白河和北运河）、永定河、大清河、子牙河、漳卫南运河，北三河与永定河合称海河北系，大清河、子牙河、漳卫南运河合称为海河南系。北运河是唯一一条发源于北京市的河流，源头位于北京市昌平区北部山区的温榆河；蓟运河与潮白河发源于河北省，潮白河有潮河、白河两大支流，蓟运河有泃河、州河、还乡河三大支流；永定河发源于内蒙古高原的南缘和山西高原的北部，有桑干河和洋河两大支流，上游桑干河流经册田水库经阳原县进入河北省，洋河流经友谊水库后进入河北省境内；大清河西起太行山，东临渤海湾，北邻永定河，南界子牙河；子牙河水系滹沱河发源于山西省太行山东侧，并于石家庄市西部流入河北省；漳河和卫河于河北省馆陶县汇合形成漳卫南运河，是海河流域南系的主要河道。

滦河流域主要有滦河干流及其支流，主要有小滦河、兴洲河、伊逊河、武烈河、老牛河、青龙河等。滦河发源于河北省承德市丰宁县西北巴彦图古尔山麓骆驼沟乡东部的小梁山（海拔 2206m）南麓大古道沟，向西北流经坝上草原沽源县转北称闪电河，经内蒙古正蓝旗转向东南，经多伦县南流至外沟门子又进入河北省丰宁县。在内蒙古境内有黑风河、吐力根河（吐里根河）汇入后称大滦河，至隆化县郭家屯水文站上游 1900m 处小滦河汇入后称滦河。河流蜿蜒于峡谷之间，至潘家口水库越长城，经罗家屯龟口峡谷入冀东平原，流经迁西县、迁安市、卢龙县、滦州市、昌黎县、乐亭县南兜网铺注入渤海。滦河干流全长 877km（《河北省志·地理志》），流域面积 44 750km²，承德市滦河流域集水面积 28 616km²，占全市总面积的 72%，占整个滦河流域总面积的 64%。

4.2.2 湖泊和水库

京津冀域内大型湖泊有 65 个，其中北京市有 41 个，天津市有 1 个，河北省有 23 个，北京市的湖泊主要是团城湖、昆明湖、圆明园湖、八一湖、玉渊潭湖、青年湖等，天津市主要是于桥水库（也称翠屏湖），河北省著名湖泊有白洋淀。

区域内水库有 1309 座，其中北京市有 88 座，天津市有 28 座，河北省水库 1193 座，北京市著名水库有密云水库、官厅水库、怀柔水库、海子水库和白河堡水库，天津有于桥水库、尔王庄水库、北大港水库，河北著名水库有岗南水库、黄壁庄水库、王快水库、安各庄水库和西大洋水库；京津冀地区拥有地下井 425 万眼，其中北京市 8.4 万眼，天津市 25.6 万眼，河北省 391 万眼。

4.3 径流情势

4.3.1 趋势性分析

本章选取潮河下会站 1973～2010 年的径流数据对其进行分析。采用了线性趋势线和 3 年滑动平均法来研究该站径流变化趋势。由图 4-2 可知，1973～2010 年，潮河流域的径流发生了很大的变化。径流的丰枯变化交替出现，年平均径流量整体上呈现出下降趋势。

为了检验径流量下降趋势的显著性，对潮河下会站年平均径流量进行了 M-K 非参数检验。结果显示，潮河径流量 M-K 检验值为 −3.97，小于 0，即流域径流量呈现下降趋势。并且 M-K 检验值小于显著性水平 $\alpha = 0.05$ 的临界值 −1.96，即通过显著性检验，说明朝河

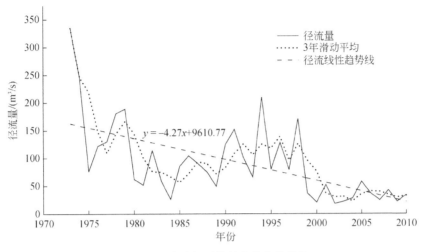

图 4-2 下会站年平均径流量变化趋势

流域径流量的下降趋势显著。

4.3.2 突变性分析

为了研究京津冀地区径流的突变规律，采用 M-K 突变检验法对潮河下会站的径流量进行突变分析。由图 4-3 可知，潮河流域平均年径流量在 1973～2010 年总体呈现下降趋势，且在 1982～1990 年和 2002～2010 年呈显著下降趋势。在 2002 年 UF 曲线与 UB 曲线相交，且相交点位于 0.05 显著水平区间内，故 2002 年潮河流域平均年径流量发生突变。

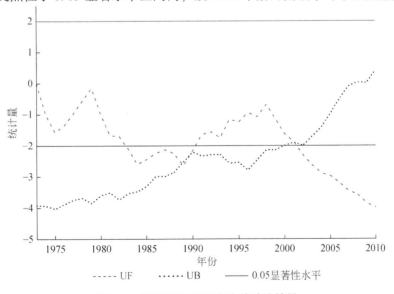

图 4-3 年径流量 M-K 突变检验法结果

4.3.3 周期性分析

为了验证潮河径流整体变化趋势研究的准确性以及周期规律，采用 CEEMD 法对潮河下会站 38 年的年平均径流量序列进行分解，得到 4 个本征模态函数，如图 4-4 所示。

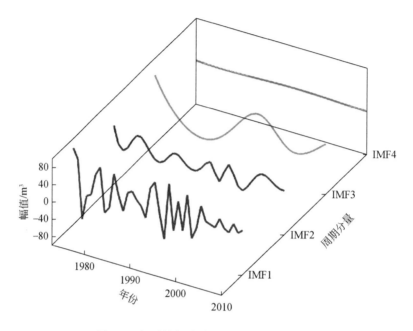

图 4-4　年平均径流量 CEEMD 法分析结果

（1）潮河年径流序列可以分解为 4 个具有不同波动周期的 IMF 分量，说明京津冀地区径流序列包含多个时间尺度的特征。

（2）在分解出的 IMF 中 IMF1 的频率和振幅最大。其中在 1975 年、1993 年和 2000 年左右振幅波动较大，在这几个时期发生突变的可能性较大，而 IMF2 在 1975～1985 年振幅较大，说明这段时间径流量的变化幅度也比较大，与年平均蒸散发和 3 年滑动平均的趋势相一致。

（3）分解出的 IMF3 和 IMF4 分量的振幅变化不大，变化频率减小且趋于平稳。

（4）为具体分析 IMF 分量的周期，本章采用 FFT 求平均周期的方法对各个 IMF 分量进行分析，得到的结果如图 4-5 所示。从 IMF1 的功率–周期关系曲线可以看出能量集中于 5 年的小尺度之内，利用 Matlab 编程计算可得图 4-5 最高的点对应的周期为 5 年。通过计算可得第一周期、第二周期、第三周期分别为 4.22 年、6.33 年、19 年，说明潮河流域的年平均径流量序列包含多个时间尺度。

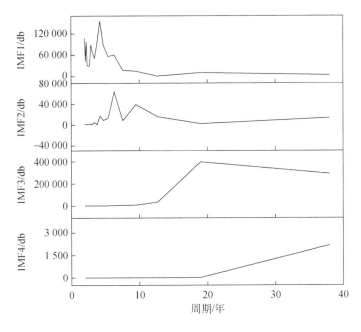

图 4-5　年平均径流频谱图

4.4　水资源变化

4.4.1　水资源量的变化

1. 地表水资源量

京津冀地区的地表水资源量不丰沛、时空分布极不均匀。北京市、天津市和河北省水资源公报统计，2005～2020 年京津冀地区大多数年份的地表水资源量均低于各地多年平均值（图 4-6），河北省最为严重，即使 2012 年的地表水资源量较多但也略低于多年平均值120. 1 亿 m³ 的 1.9%，而北京市 2012 年地表水资源量略高于多年平均值 17.72 亿 m³ 的1.3%，天津市相对较好，2012 年地表水资源量高于多年平均值 10. 65 亿 m³ 的 149.2%，2020 年北京市和河北省的地表水资源量低于多年平均值的 50% 以下，北京市、天津市和河北省地表水资源量分别为 8. 25 亿 m³、8. 6 亿 m³ 和 55.71 亿 m³，较各地多年平均值分别低 53. 4%、19. 2% 和 53. 6%。

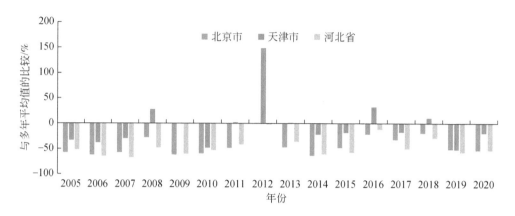

图 4-6 京津冀地表水资源量较多年平均值的变化

2. 地下水资源量

2005~2020 年京津冀地下水资源量变化见表 4-1。由表 4-1 可知，2005~2020 年北京市地下水资源量均低于多年平均值 25.59 亿 m³，其中 2014 年的地下水资源量只有 13.8 亿 m³，低于多年平均值的 46.1%；天津市的地下水资源量相对好一些，其中 2012 年和 2018 年的地下水资源量均高于多年平均值 5.89 亿 m³ 的 20% 以上，其中 2012 年为 7.62 亿 m³，高于多年平均值的 29.4%；河北省的地下水资源量总体较好，超过多年平均值 122.57 亿 m³ 的年份依次为 2012 年、2016 年、2013 年、2008 年、2020 年和 2011 年，分别高于多年平均值 122.57 亿 m³ 的 34.5%、26.2%、13.3%、11.2%、6.3% 和 3.1%，另外 2018 年和 2009 年的地下水资源量与多年平均值基本持平。2020 年北京市和天津市地下水资源量分别为 17.51 亿 m³ 和 5.76 亿 m³，分别低于多年平均值的 31.6% 和 2.2%，而河北省地下水资源量为 130.31 亿 m³，高于多年平均值的 6.3%。

表 4-1 京津冀地下水资源量变化

年份	北京市		天津市		河北省	
	地下水资源量/亿 m³	与多年平均值（25.59 亿 m³）的比较/%	地下水资源量/亿 m³	与多年平均值（5.89 亿 m³）的比较/%	地下水资源量/亿 m³	与多年平均值（122.57 亿 m³）的比较/%
2005	18.46	−27.9	4.44	−24.6	109.73	−10.5
2006	15.4	−39.8	4.43	−24.8	94.25	−23.1
2007	16.21	−36.7	4.76	−19.2	107.24	−12.5
2008	21.42	−16.3	5.91	0.3	136.3	11.2
2009	15.08	−41.1	5.6	−4.9	122.7	0.1

续表

年份	北京市		天津市		河北省	
	地下水资源量/亿 m³	与多年平均值(25.59 亿 m³)的比较/%	地下水资源量/亿 m³	与多年平均值(5.89 亿 m³)的比较/%	地下水资源量/亿 m³	与多年平均值(122.57 亿 m³)的比较/%
2010	15.86	−38.0	4.45	−24.4	111.78	−8.8
2011	17.64	−31.1	5.22	−11.4	126.34	3.1
2012	21.55	−15.8	7.62	29.4	164.84	34.5
2013	15.38	−39.9	5.01	−14.9	138.82	13.3
2014	13.8	−46.1	3.67	−37.7	89.19	−27.2
2015	17.44	−31.8	4.87	−17.3	113.56	−7.4
2016	21.05	−17.7	6.08	3.2	154.71	26.2
2017	17.74	−30.7	5.54	−5.9	116.34	−5.1
2018	21.14	−17.4	7.33	24.4	124.41	1.5
2019	15.95	−37.7	4.16	−29.4	97.83	−20.2
2020	17.51	−31.6	5.76	−2.2	130.31	6.3

3. 水资源总量

由 2005~2020 年水资源公报统计可知（图 4-7），京津冀水资源总量的空间分布也不均匀，大多数年份均低于各地的多年平均值。天津市的水资源总量相对较好，2012 年、2016 年、2008 年和 2018 年的水资源总量分别高于多年平均值 15.67 亿 m³ 的 110.1%、20.7%、16.8% 和 12.2%，其余年份均低于多年平均值，其中 2019 年的水资源总量最少低于多年平均值的 48.4%；河北省和北京市的水资源总量只有 2012 年高于多年平均值，分别高于多年平均值的 15.1% 和 5.6%。

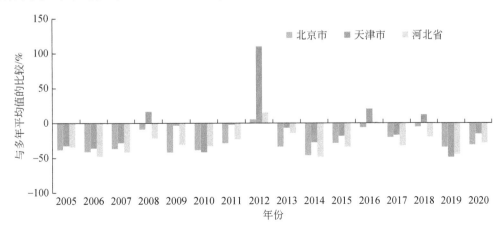

图 4-7 京津冀水资源总量较多年平均值的变化

4.4.2 供水量变化

1. 北京市供水量

北京市水资源公报统计，2005～2020年北京市和天津市地表水供水量呈稳步上升趋势（图4-8），其中地表水的供水量具有较大波动，2014年南水北调中线工程通水后地表水供水量减少较为明显；自2008年南水北调中线工程京石段通水后，北京市南水北调中线工程供水量呈逐渐增加趋势，2014年南水北调中线工程正式通水，这一年是一个转折，从2015年开始，北京市的南水北调中线工程的供水量基本维持在6.6亿～9.3亿m³；地下水的供水量递减趋势明显，由2005年的24.9亿m³降低到2020年的13.5亿m³；随着北京市污水处理设施、再生水厂规模的不断加大，再生水等非常规水供水量呈稳步增加态势，由2005年的2.6亿m³增加到2020年的12亿m³，增加了将近4倍，北京市的再生水主要用于河道的生态补水，使水环境条件大为改善。

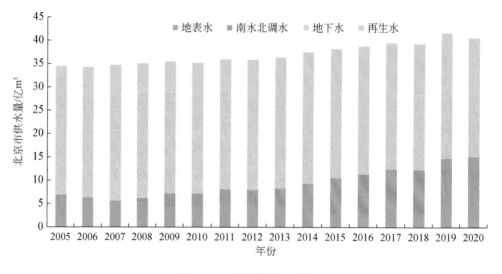

图4-8 北京市供水量变化

2. 天津市供水量

与北京市供水源相比，天津市的供水源较为丰富，主要包括地表水、地下水、外调水包括引滦水、引黄水、南水北调中线工程的引江水、再生水，还有海水淡化水。由2005～2020年天津市水资源公报统计可知（图4-9），天津市地表水的供水量基本稳定，地下水的供水量呈减少趋势，引滦水从2016年南水北调中线引江水进入天津市开始逐渐减少，引黄水在 2011 年之前有少量的使用，再生水从 2009 年开始稳步增加，从 2005 年开始海水淡化就有少量的供水，2020 年天津市地表水、地下水、引滦水、引江水、再生水和海水淡化水分别为 19.23 亿 m^3、3.01 亿 m^3、6.9 亿 m^3、12.88 亿 m^3、5.16 亿 m^3 和 0.42 亿 m^3。

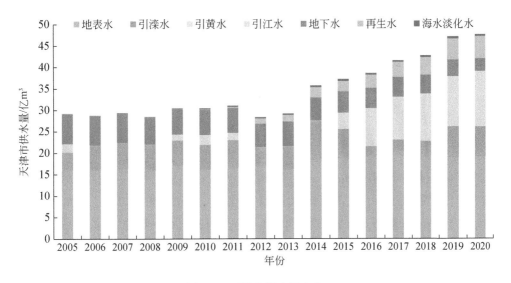

图 4-9　天津市供水量变化

3. 河北省供水量

河北省供水水源主要包括地表水、地下水、再生水和雨水，还有少量的海水淡化水。其中地表水供水量呈稳步上升趋势（图 4-10），地下水的供水量减少趋势较为显著，由

图 4-10　河北省供水量变化

2005 年的 162.72 亿 m³ 减少到 2020 年的 88.16 亿 m³，减少了一半左右。河北再生水利用起步早，从 1998 年开始使用再生水，2005 年再生水和雨水及海水淡化水为 0.51 亿 m³，到 2020 年为 9.8 亿 m³，增加了约 18 倍，发展较为迅速。河北省再生水主要运用于建筑杂用水和城市杂用水，如冲厕、车辆冲洗、冷却用水、浇洒道路、绿化用水、消防、建筑施工等。

4.4.3 用水量变化

1. 京津用水量

北京市和天津市的用水主要包括生活、环境、工业和农业四方面。由图 4-11 可知，京津的用水量基本呈"两增两减"的态势发展，即生活用水量和环境用水量增加，工业用水量和农业用水量减少。北京市生活用水量较为稳定，一般维持在 13 亿 ~ 18 亿 m³；环境用水量增加趋势较为显著，由 2005 年的 1.1 亿 m³ 增长到 2020 年的 17.4 亿 m³，增加了约 14 倍；工业和农业等生产性用水量减少的趋势较为明显。

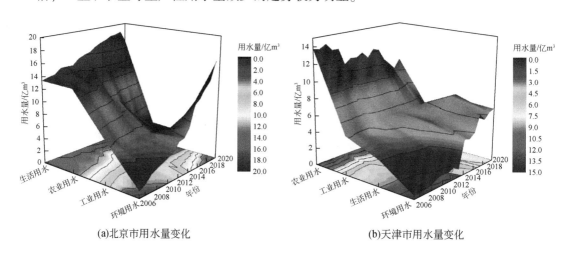

(a)北京市用水量变化　　　　　　　　(b)天津市用水量变化

图 4-11　京津用水量变化

2. 河北省用水量

河北省水资源公报的数据显示，河北省用水主要包括农业灌溉、林牧渔畜、工业、城镇公共、居民生活和生态环境六方面用水量。由图 4-12 可知，河北省用水量呈"三减三增"的态势发展，其中用水量减少的有农业灌溉、林牧渔畜和工业用水量，农业灌溉用水量呈递减趋势；林牧渔畜用水量维持在 11 亿 ~ 13 亿 m³，呈略微递减趋势；工业用水量的减少趋势较为明显；用水量增加的是城镇公共、居民生活和生态环境用水量。城镇公共用水量由 2005 年的 2.17 亿 m³ 增加到 2019 年的 4.89 亿 m³，增加了 1 倍多；居民生活用水量由 2005 年的 17.34 亿 m³ 增加到 2019 年的 22.15 亿 m³；生态环境用水由 2005 年的 0.95 亿 m³ 增加到 2019 年的 22.09 亿 m³，增加了 22 倍多，生态环境用水量增加最为显著。

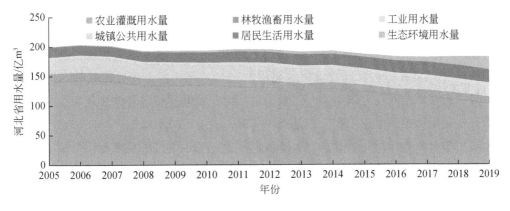

图 4-12　河北省用水量变化

4.5　小　　结

京津冀地区位于我国环渤海地区心脏地带，是典型的资源型缺水地区，受自然环境条件和人类活动干扰的多重影响，水资源量受到一定影响。

本章通过以京津冀地区潮河下会站为例对径流做了趋势性、突变性和周期性分析，得到 1973～2010 年，潮河流域的径流发生了很大的变化，径流的丰枯变化交替出现，年平均径流量整体上呈现出下降趋势，并且下降趋势显著；由于气候变化和人类活动的影响，潮河径流于 2002 年发生突变；在多时间尺度分析中，主要包含三个主周期，分别为 4.22 年、6.33 年、19 年。

2005～2020 年，京津冀地区在水资源上呈现出总体下降趋势，地表水资源与地下水资源量大多数年份低于各地多年平均值。同时，水资源量也呈现空间分布不均衡性，各城市间水资源条件差异较为显著。京津冀区域供水水源包括地表水、地下水、外流域调水和非常规水源，随着 2014 年南水北调中线工程正式通水，北京市供水压力显著减小。随着污水和再生水处理技术和处理率的提高，非常规水源有一定的供水潜力，在一定程度上调整了京津冀地区供水结构。在用水结构方面，得益于高新产业和生态文明建设的发展，京津冀地区总体上农业用水量和工业用水量逐渐减少，生活用水量和环境用水量增加明显，但日益增加的生活用水量也警醒人们应该全面贯彻节水型社会，高效用水。

第5章 丹江口水库入库径流的特征分析

丹江口水库位于丹江注入汉江汇合口以下约800m处，水库以上为汉江上游，控制流域面积约9.52万 km^2，占汉江流域集水面积的60%，水库的入库径流代表了汉江上游的水资源量。丹江口水库任务以防洪、供水为主，结合发电、航运等综合利用，是汉江流域水资源开发利用的控制枢纽工程，也是南水北调中线工程的水源地。丹江口水库通过南水北调中线工程向河南、河北、北京、天津四省（直辖市）的20多座大、中城市供水，一期工程年均调水95亿 m^3，中远期规划每年调水量将达到130亿 m^3，将有效缓解中国北方的水资源严重短缺问题（王元超等，2015），可见，丹江口水库的优化调度是保障中线工程高效运行和当地水资源合理开发利用的关键。

近年来，不少水文气象专家对丹江口水库入库径流的变化特征及其影响因素进行了研究。这些研究集中在不同时间尺度水库入库径流量变化和旱涝周期等方面，且采用资料的起始时间不同，得出结论也不统一。本章基于丹江口水库1956~2017年实测入库径流序列，重点研究水库入库径流的趋势性及丰枯状态变化特征，分析径流变化对南水北调中线工程供水的可能影响，为京津冀外调水供水潜力分析和丹江口水库优化调度提供数据支撑。

5.1 数据资料与研究方法

5.1.1 数据资料

根据汉江洪水特点，汉江流域的主汛期为6月21日~10月10日。其中，8月20日前为夏汛，9月1日后为秋汛，8月21日~8月31日为夏汛与秋汛过渡期。根据《丹江口水利枢纽调度规程（试行）》，水库夏汛期防洪限制水位为160.0m；过渡期水位从160.0m逐渐抬升至163.5m；秋汛期防洪限制水位为163.5m；10月1日起，根据汉江汛情和水文气象预报，水库可逐步充蓄至正常蓄水位170.0m。采用1956~2017年实际旬入库径流资料，分析丹江口水库年、月及各汛期时段入库径流的变化特征。

5.1.2 研究方法

1. 趋势分析方法

径流序列的趋势分析采用 M-K 趋势检验法，M-K 趋势检验法的详细内容见第 3 章的研究方法。

2. 丰枯状态变化分析方法

马尔可夫（Markov）过程是一种预测系统未来发展情况的研究方法，这种方法以事物状态之间的转移概率为基础，研究事物随机变化的动态过程（Pereira and Desassis，2018）。丹江口水库入库径流序列可以看作 Markov 过程，采用 Markov 过程分析方法分析其丰枯状态变化情况。

研究时间离散、状态也离散的 Markov 过程时，描述其概率特性最重要是一步转移概率。假设丹江口水库入库径流的状态有 n 个，系统在时间 $T(M)$ 时处于状态 i，在下一个时间 $T(M+1)$ 时转变为状态 j 的概率为 p_{ij}，p_{ij} 称为一步转移概率，将 p_{ij} 依序排列构成一步转移概率矩阵 $\boldsymbol{P}$。

$$\boldsymbol{P} = (p_{ij})_{n \times n}, \ p_{ij} \geqslant 0 \ (i,j = 1,2,\cdots,n) \tag{5-1}$$

$$\sum_{j=1}^{n} p_{ij} = 1, \ i = 1,2,\cdots,n \tag{5-2}$$

设 f_{ij} 为丹江口水库某一历史年径流状态为第 i 状态时，其下一年历史径流状态为 j 状态的频数，则一步转移概率 p_{ij} 由式（5-3）计算。

$$p_{ij} = f_{ij} \Big/ \sum_{j=1}^{n} f_{ij} \tag{5-3}$$

3. 游程检验法

径流序列的连续丰枯变化采用游程检验法。游程是指按照一定规则连续发生具有相同属性的事件。游程分析通过利用平均概率、游程的期望长度、游程长度的方差等数字特征，从时域和频域角度来揭示研究序列所蕴含的规律（丁瑶，2015）。采用游程检验法研究丹江口水库入库径流的连续丰枯变化情况。

丹江口水库的入库径流可以看作离散序列 P，连续出现丰水年（枯水年）的概率采用式（5-4）~式（5-5）计算：

$$P = \rho^{k-1}(1 - \rho) \tag{5-4}$$

$$\rho = (S_1 - S_2)/S \tag{5-5}$$

式中，P 为发生 k 年的连续丰水（枯水）事件的概率；k 为发生连续丰水（枯水）的年数；ρ 为模型分布参数（$0<\rho<1$）；S_1 为发生连续枯水（丰水）年总年数；S_2 为研究时段内不同统计长度的连续枯水（丰水）年累计发生频次；S 为研究时段内枯水（丰水）年的累计发生频次。

5.2 入库径流的年际和年内变化特征

5.2.1 年际变化

根据 1956～2017 年实测入库径流时间序列，丹江口水库入库径流时间序列呈下降趋势（图 5-1）。丹江口水库多年平均入库径流为 358.8 亿 m³，最大年径流量 780.9 亿 m³（1964 年），最小年径流量 164.8 亿 m³（1997 年）。年径流最大值比最小值多 616.1 亿 m³，是最小值的 4.7 倍。

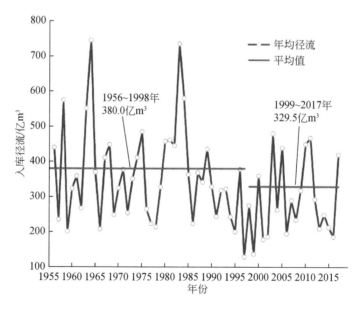

图 5-1 丹江口水库年入库径流年际变化

南水北调中线工程规划时，丹江口水库可调水量采用的是 1956～1998 年水文序列，计算的多年平均入库径流量为 380.0 亿 m³。而 1999～2017 年，水库多年平均入库径流仅为 329.5 亿 m³，较 1956～1998 年水文序列减少了 50.5 亿 m³。从 20 世纪 80 年代中期开始，丹江口水库的入库径流呈现明显的下降趋势，自 21 世纪以来，高于平均值的年份只出现了 6 年。从图 5-1 可以看出，连续 9 年小于均值的出现 1 次，为 1990 ~ 1998 年；连续 4 年小于均值的出现 3 次，分别为 1975 ~ 1978 年、2005 ~ 2008 年、2012 ~ 2015 年；其他都是连续 3 年以下小于均值。

5.2.2 年内变化

丹江口水库入库径流年内分配不均，有着明显的春汛、夏汛和秋汛（图 5-2）。4 ~ 10 月径流占年均径流的 80% 以上，主汛期 7 ~ 10 月径流占年均径流的近 60%。与 1956 ~ 1998 年序列相比，1999 ~ 2017 年多年平均月入库径流量除 1 月、2 月、12 月略有增加外，其余各月份均呈现不同程度的减少，其中 4 月、5 月、7 月、8 月、9 月减少得最为明显。

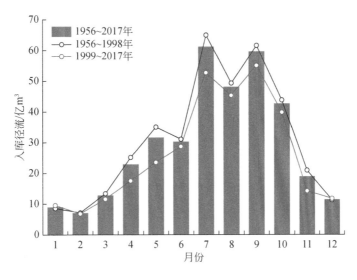

图 5-2 丹江口水库入库径流年内变化

20 世纪 90 年代以后，丹江口水库入库径流大幅减少，这对水库的供水造成影响。丹江口水库目前主要供水任务的优先顺序依次为汉江中下游用水、清泉沟灌溉供水和南水北调中线供水。中线工程供水量约占水库多年平均入库径流的 25%，水库入库径流的减小会影响水库的供水保证率，特别是影响排在供水任务最后的中线工程的正常供水。并且，随着"引汉济渭"和"鄂北水资源配置工程"的建成通水，丹江口水库的供水压力还会进一步加大。

5.3 入库径流序列的趋势性特征

采用 M-K 趋势检验法得到丹江口水库 1956 ~ 1998 年和 1956 ~ 2017 年入库径流序列的

趋势性检验结果，如图 5-3 所示。

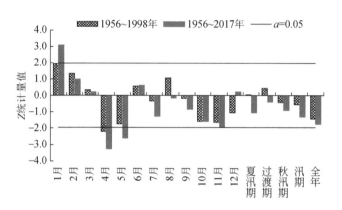

图 5-3 入库径流序列趋势性 M-K 趋势检验结果

丹江口水库的年、汛期入库径流呈现下降趋势。1956～1998 年、1956～2017 年年径流序列的 M-K 检验 Z 统计量的值分别为-1.42、-1.75，汛期径流序列的 M-K 检验 Z 统计量的值分别为-0.55、-1.29。M-K 检验 Z 统计量的绝对值增大，说明丹江口水库年、汛期径流的下降趋势越来越明显。与 1956～1998 年径流序列相比，1956～2017 年夏汛期和过渡期的径流从轻微上升趋势转变为轻微下降趋势，秋汛期径流的下降趋势更加明显。

对于月径流，在 95% 置信水平下，1956～1998 年只有 4 月径流呈显著下降趋势，1956～2017 年 4 月和 5 月径流呈显著下降趋势，1 月径流呈显著上升趋势。相比 1956～1998 年月径流序列，1956～2017 年 8 月径流由轻微上升趋势转变为下降趋势；12 月径流由轻微下降趋势转变为上升趋势。

在南水北调中线工程建成以后，中线工程调水将成为很多城市的主要水源。北京市、天津市作为国家重要城市，中线工程调水量将占城镇供水量的 70% 以上。这一变化大大增加了中线工程的供水压力，进而对丹江口水库的供水保证率提出了更高的要求。因此，若丹江口水库蓄水不足，受水城市的供水安全将受到严重影响。秋汛期，特别是 10 月，是丹江口水库的蓄水关键期，蓄水多少关系到水库发电和航运等兴利效益的发挥及翌年的可供水量。相关研究表明，在大部分枯水年，丹江口水库 9～10 月水位需要蓄至 165.0m 左右才能完成供水；设计枯水年，汛末水位需要蓄至 166.0～167.0m 才能满足供水需求。因此，丹江口水库秋汛期来水的减少，会给水库翌年的供水调度带来极大挑战，秋汛期径流的减少需要引起足够重视。同时，4～5 月水位消落期入库径流的减少，会使水库枯水年的供水更加困难。

5.4 入库径流序列的丰枯变化特征

5.4.1 径流的丰平枯等级划分

采用频率分析法对丹江口水库入库径流进行丰平枯等级划分（丁志宏，2008）。假设年、月及各汛期阶段的径流序列服从 P-Ⅲ型概率分布，以 $P<37.5\%$ 所对应的径流为丰水径流（$Q_{37.5\%}$）；以 $P>62.5\%$ 所对应的径流为枯水径流（$Q_{62.5\%}$）；频率在 $37.5\% \sim 62.5\%$ 所对应的径流为平水径流，丰平枯等级划分的结果见表 5-1。

表 5-1 径流丰平枯等级划分结果

时间尺度	丰枯临界值		丰		平		枯	
	$Q_{37.5\%}$	$Q_{62.5\%}$	次数	频率/%	次数	频率/%	次数	频率/%
1 月	9.8	7.9	21	33.9	17	27.4	24	38.7
2 月	7.9	6.1	22	35.5	19	30.6	21	33.9
3 月	13.7	10.4	23	37.1	18	29.0	21	33.9
4 月	29.7	21.3	22	35.5	16	25.8	24	38.7
5 月	32.2	22.7	21	33.9	23	37.1	18	29.0
6 月	33.8	22.8	24	38.7	16	25.8	22	35.5
7 月	64.3	43.4	25	40.3	14	22.6	23	37.1
8 月	51.0	32.3	23	37.1	16	25.8	23	37.1
9 月	60.6	34.0	25	40.3	13	21.0	24	38.7
10 月	40.0	21.0	26	41.9	12	19.4	24	38.7
11 月	20.3	13.8	19	30.65	24	38.70	19	30.65
12 月	12.7	10.0	23	37.1	16	25.8	23	37.1
夏汛期	112.4	80.2	23	37.1	16	25.8	23	37.1
过渡期	15.3	7.7	22	35.5	17	27.4	23	37.1
秋汛期	82.5	45.5	25	40.3	13	21.0	24	38.7
汛期	216.2	153.4	23	37.1	16	25.8	23	37.1
全年	384.2	306.9	23	37.1	15	24.2	24	38.7

由表 5-1 可知，丹江口水库月入库径流，除 5 月和 11 月平水状态居多外，其余各月均以丰水和枯水状态居多，各月丰、枯两种状态出现频率相差不大。发生丰水的频率为 $30.6\% \sim 41.9\%$，发生平水的频率为 $19.4\% \sim 38.7\%$，发生枯水的频率为 $29.0\% \sim$

38.7%。夏汛期、过渡期、秋汛期的丰枯频率相差不大。秋汛期丰枯年份发生的频率大于夏汛期和过渡期，平水状态更少。年径流丰枯情况与汛期相似，汛期丰、平、枯的频率分别为37.1%、25.8%、37.1%，年径流丰、枯的频率分别为37.1%、24.2%、38.7%。

5.4.2 径流丰平枯状态转移特征分析

丹江口水库入库径流丰枯状态转移概率如图5-4所示。图5-4（a）、图5-4（b）~（d）分别为各时段入库径流的各态自转移概率、互转移概率。

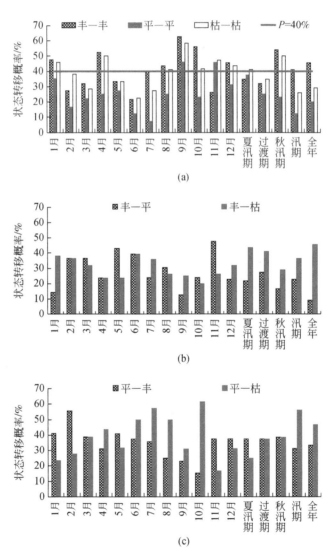

(a)

(b)

(c)

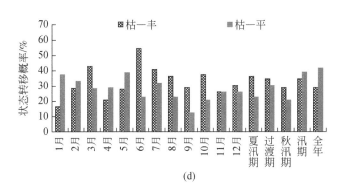

图 5-4　入库径流丰枯转移概率

由图 5-4（a）可知，全年各时段中除 11 月和夏汛期入库径流平水状态的自转移概率大于丰水状态外，其余各时段均为丰水和枯水两种状态的自转移概率大，反映出各时段入库径流在丰水和枯水状态持续的时间较长。7 月、10 月、汛期和全年入库径流丰水状态的自转移概率明显大于枯水状态，2 月和 11 月枯水状态的自转移概率明显大于丰水状态，其余时段丰水和枯水状态的自转移概率基本相当。

由图 5-4（b）可知，当径流处在丰水初始状态时，5 月和 11 月向平水状态转移概率明显大于向枯水状态转移的概率，1 月、7 月、9 月、汛期各时段和全年入库径流向枯水状态转移的概率明显大于向平水状态转移的概率。由图 5-4（c）可知，当径流处于平水初始状态时，枯水月份向丰水状态转移的概率明显大于向枯水状态转移的概率，丰水月份、汛期和全年径流向枯水状态转移的概率明显大于向丰水状态转移的概率。由图 5-4（d）可知，当径流处于枯水初始状态时，枯水月份向平水状态转移的概率明显大于向丰水状态转移的概率，丰水月份、汛期和全年径流向平水状态转移的概率明显大于向丰水状态转移的概率。

年入库径流在丰水状态下向丰水和枯水状态转移的概率为 45.5%；在平水状态下，向枯水状态转移的概率最大为 46.7%；在枯水状态下向平水状态转移的概率最大为 41.7%。由此可见，丹江口水库丰水转丰水，丰水转枯水，平水转枯水，枯水转平水的组合情况较多，这就要求水库能够充分利用调蓄库容来调节年际间径流变化，以应对水资源丰枯变化，进一步提高供水保证率。

5.4.3　径流连续丰枯变化特征分析

由游程检验法的统计可知丹江口水库发生连续丰、平、枯水的概率随着连续时间的增加而减小（表 5-2）。对年径流而言，连续两年丰、平、枯水出现的概率为 24.6%、

16.0%、22.2%，连续 3 年丰、平、枯水出现的概率为 10.7%、3.2%、7.4%，连续 4 年出丰、平、枯水出现的概率仅为 4.6%、0.6%、2.5%。由此看出，丹江口水库发生连续丰水的概率大于连续枯水、连续枯水大于连续平水，且发生 4 年及以上连续丰、平、枯水的概率较小。

夏汛期、过渡期、秋汛期连续两年丰、平、枯水出现的概率相差不大。秋汛期连续 3 年、4 年出现丰、枯水的概率大于夏汛期、过渡期，这说明秋汛期更容易出现连续丰、枯水情况。

表 5-2　入库径流连丰连枯变化特征

时间尺度			1月	2月	3月	4月	5月	6月	7月	8月	9月	10月	11月	12月	夏汛期	过渡期	秋汛期	汛期	全年
频次统计	丰	1年	6	11	11	11	10	15	14	12	12	9	15	11	15	15	11	13	11
		2年	2	4	3	1	3	3	2	2	1	2	2	4	3	2	1	2	3
		3年	1	1	2	3	2	1	1	1	5	3	0	0	1	1	4	1	1
		4年	0	0	0	0	0	0	0	2	0	1	1	1	0	1	0	0	0
		≥5年	0	0	0	1	0	0	1	0	1	1	0	0	1	0	1	1	1
		最大年数	4	3	3	7	3	3	7	4	7	6	4	4	5	4	7	6	6
	平	1年	8	13	11	10	13	13	13	12	8	13	11	11	10	10	11	13	11
		2年	3	3	2	3	4	0	1	4	4	2	5	3	1	1	2	2	3
		3年	1	0	1	1	1	1	0	0	2	1	1	1	1	0	0	0	0
		4年	0	0	0	0	0	0	0	0	0	0	0	0	0	0	0	0	0
		≥5年	0	0	0	0	0	0	0	0	0	0	0	0	0	0	0	0	0
		最大年数	3	2	3	3	3	3	2	2	3	3	4	4	2	2	2	2	2
	枯	1年	4	6	10	9	7	14	13	10	6	8	5	7	11	10	7	13	15
		2年	7	6	4	4	4	2	4	5	7	4	6	4	7	4	6	4	3
		3年	2	1	1	0	1	0	1	1	2	2	2	2	0	0	1	1	1
		4年	0	0	0	1	0	1	0	1	1	1	1	1	0	0	1	0	1
		≥5年	0	0	0	1	0	0	0	0	1	0	0	0	0	0	1	0	0
		最大年数	3	3	3	7	3	3	3	4	6	4	4	4	4	4	6	3	4
游程概率	丰	1年	81.0	72.7	69.6	40.9	66.7	79.2	60.0	56.5	32.0	38.5	73.7	69.6	60.9	68.2	40.0	60.9	56.5
		2年	15.4	19.8	21.2	24.2	22.2	16.5	24.0	24.6	21.8	23.7	19.4	21.2	23.8	21.7	24.0	23.8	24.6
		3年	2.9	5.4	6.4	14.3	7.4	3.4	9.6	10.7	14.8	14.6	5.1	6.4	9.3	6.9	14.4	9.3	10.7
		4年	0.6	1.5	2.0	8.4	2.5	0.7	3.8	4.6	10.1	9.0	1.3	2.0	3.6	2.2	8.6	3.6	4.6
		≥5年	0.1	0.4	0.6	5.0	0.8	0.1	1.5	2.0	6.8	5.5	0.4	0.6	1.4	0.7	5.2	1.4	2.0
		ρ	0.19	0.27	0.30	0.59	0.33	0.21	0.40	0.43	0.68	0.62	0.26	0.30	0.39	0.32	0.60	0.39	0.43

续表

时间尺度			1月	2月	3月	4月	5月	6月	7月	8月	9月	10月	11月	12月	夏汛期	过渡期	秋汛期	汛期	全年
游程概率	平	1年	70.6	84.2	77.8	68.8	73.9	87.5	92.9	75.0	38.5	66.7	58.3	50.0	62.5	76.5	69.2	87.5	80.0
		2年	20.8	13.3	17.3	21.5	19.3	10.9	6.6	18.8	23.7	22.2	24.3	25.0	23.4	18.0	21.3	10.9	16.0
		3年	6.1	2.1	3.8	6.7	5.0	1.4	0.5	4.7	14.6	7.4	10.1	12.5	8.8	4.2	6.6	1.4	3.2
		4年	1.8	0.3	0.9	2.1	1.3	0.2	0.0	1.2	9.0	2.5	4.2	6.3	3.3	1.0	2.0	0.2	0.6
		≥5年	0.5	0.1	0.2	0.7	0.3	0.0	0.0	0.3	5.5	0.8	1.8	3.1	1.2	0.2	0.6	0.0	0.1
		ρ	0.29	0.16	0.22	0.31	0.26	0.13	0.07	0.25	0.62	0.33	0.42	0.50	0.38	0.24	0.31	0.13	0.20
	枯	1年	54.2	61.9	71.4	45.8	66.7	77.3	73.9	56.5	20.8	41.7	31.6	39.1	56.5	60.9	33.3	73.9	66.7
		2年	24.8	23.6	20.4	24.8	22.2	17.6	19.3	24.6	16.5	24.3	21.6	23.8	24.6	23.8	22.2	19.3	22.2
		3年	11.4	9.0	5.8	13.4	7.4	4.0	5.0	10.7	13.1	14.2	14.8	14.5	10.7	9.3	14.8	5.0	7.4
		4年	5.2	3.4	1.7	7.3	2.5	0.9	1.3	4.6	10.3	8.3	10.1	8.8	4.6	3.6	9.9	1.3	2.5
		≥5年	2.4	1.3	0.5	3.9	0.8	0.2	0.5	2.0	8.2	4.8	6.9	5.4	2.0	1.4	6.6	0.3	0.8
		ρ	0.46	0.38	0.29	0.54	0.33	0.23	0.26	0.43	0.79	0.58	0.68	0.61	0.43	0.39	0.67	0.26	0.33

对月径流而言，各月连丰与连枯两年的概率基本相同，分别为 15.4% ~ 24.6%、16.5% ~ 24.8%。连续两年平水概率为 6.6% ~ 25.0%，变化较大。1 月、2 月、11 月、12 月连续 3 年枯水概率大于连续 3 年丰水概率，7 月、9 月连续 3 年丰水概率大于连续 3 年枯水概率，其他月份连丰、连枯三年的概率基本相同。各月丰、平、枯状态连续 4 年出现的概率都不大于 10.3%，9 月出现连续 4 年丰、平、枯水状态的概率大于其他月份。4 月和 10 月连续 4 年丰、枯的状态更易出现。

南水北调中线工程以向受水区城市供水为主，需水量相对稳定。汉江中下游、清泉沟用水与丹江口水库来水负相关，即越是枯水年份，用水需求越大。丹江口水库入库径流连续丰水的出现，可以考虑洪水资源利用问题，相机向北方进行生态补水；而连续枯水的出现，水库供水压力增大，需要研究供水保障问题。

5.5 小 结

丹江口水库 1999 ~ 2017 年的年均入库径流量较南水北调中线工程规划采用的 1956 ~ 1998 年序列减少了 50.5 亿 m³。现状来水条件下，水文序列的"一致性"被破坏，丹江口水库的可调水量是否还能满足南水北调中线工程受水区需水要求，有必要进行深入研究。同时，鉴于汉江流域刚性用水需求的增加、对生态环境用水保障要求的提高以及应对连续枯水年向北方供水的高保证率，应考虑利用引江补汉等工程措施来补充丹江口水库水量。

　　M-K 非参数趋势检验结果显示，与 1956~1998 年序列相比，1956~2017 年丹江口水库年径流序列的减少趋势更加显著，主要是由于 4 月、5 月、7~11 月入库径流的减少。秋汛期是丹江口水库的蓄水关键期，蓄水程度关系到丹江口水库来年的供水保证率。秋汛期来水的减少将会给丹江口水库调度带来更大的挑战，亟须开展丹江口水库汛限水位动态控制研究并加以实施。

　　丹江口水库年径流序列出现概率最大的状态是枯水状态，其次是丰水、平水状态。年入库径流丰水转丰水、丰水转枯水、平水转枯水、枯水转平水的情况较多，需要水库优化调度方案，能够充分利用调蓄库容来调节年际径流变化，应对水资源丰枯变化，进一步提高供水保证率。

　　虽然丹江口水库发生 4 年及以上连续丰、平、枯水年的概率较小，但历史上年径流出现过连续 6 年丰水和连续 4 年枯水，秋汛期径流出现过连续 7 年丰水和连续 6 年枯水。10 月蓄水关键期也更容易出现连续 4 年丰、枯水状态。丹江口水库为不完全多年调节水库，连续较枯或连续较丰的组合对水库多年尺度的优化调度提出更高的要求。丹江口水库连续枯水年的供水保障问题特别需要深入研究。

第6章 外调水供水潜力分析

京津冀地区作为我国北方的政治、经济、文化与科技中心，其本身拥有的水资源量趋于匮乏，不能够满足该地区未来可持续发展的需要。京津冀地区在长期的发展过程中，尤其是伴随着城市规模的扩张，逐渐暴露出水资源短缺、水体污染严重等水资源方面的问题。近些年来，京津冀地区在进行城市角色转型过程中，日益严峻的水资源问题成为该地区近期及长远发展的重要"瓶颈"，甚至可能给城市的可持续发展带来影响。

为了缓解北方水资源匮乏的紧急情况，被誉为世纪工程的大型跨流域调水工程——南水北调工程启动。京津冀地区作为南水北调中线工程的受水区，在中线一期工程顺利通水后，其水资源紧张程度得到了缓解。外调水补充了京津冀地区的水资源储备，而且在经过中线沿线地区水库时进行的调蓄等操作也补充了沿线地区的水资源。

近年来，中线工程水源区丹江口水库的径流特征发生了显著变化，与中线工程规划时所采用的径流系列有明显的差异性，需要对丹江口水库的可调水量进行深入的研究；同时，随着中线工程干渠与沿线调蓄水库的连接工程陆续建成，研究中线工程沿线水库的调蓄能力，对中线工程扩大其供水潜力具有重要的现实意义。丹江口水利枢纽位于汉江中上游，是南水北调中线工程的供水水源地，研究丹江口水利枢纽的可供水量关系着整条调水线路的运作和京津冀受水区能够得到的水资源量。根据丹江口水利枢纽的实际情况，选择合适的调水和调蓄方式，是计算外调水后续运输、调蓄的关键工作。外调水自丹江口水利枢纽调出后，途经河南省、河北省的数个调蓄水库，这是外调水在输水过程中进行的调蓄过程，研究南水北调中线工程沿线调蓄水库的供水潜力对评估外调水在京津冀受水区的作用十分重要。

本章以南水北调中线工程为例，介绍了南水北调中线工程概况，对京津冀地区外调水的供水潜力进行分析，包括供水水源地丹江口水库的可供水量和南水北调中线工程沿线调蓄水库的供水潜力，为受水区京津冀地区提供外调水的调蓄思路。

6.1　数据资料与研究方法

6.1.1　数据资料

本章的数据资料主要包括丹江口水库 1956～2017 年共 61 个调度年的旬入库径流数据、汉江中下游需丹江口水库下泄水量、清泉沟需水量、长系列调度期开始时丹江口水库蓄水状态等；收集南水北调中线工程沿线水库资料，包括附近水文站的水文序列数据等。

6.1.2　研究方法

为了分析丹江口水库的可调水量，确定丹江口水库的最优调水方案，本章采用的研究方法主要包括水库调度模型和改进粒子群算法。

1. 水库调度模型

水库优化调度的目的是得到最优决策，优化调度模型包括目标函数与约束条件，目标函数指体现最优准则的指标与决策变量、状态变量、其他变量及参数构成的数学表达式；约束条件指实现最优准则必须满足的条件，包括各变量的取值范围和变幅限制，以及其他具有目标性质的综合利用要求。调度模型通过计算得到的最优决策可以使目标函数在约束范围内效益最优，能够高效达到目标。

进入 21 世纪以后，不断发展的智能算法成为直接解决多目标问题的有效工具。多目标进化算法可以同时处理多个目标，得到目标间互为非劣的 Pareto 前沿解集，便于分析多目标之间的竞争协同关系和制定多目标决策，为水库调度的多目标直接优化提供了有效的计算工具（Manju and Nigam，2014；Fayaed et al.，2013；Zhao et al.，2017）。另外，在多水库联合调度及供水的研究中应用较多的方法还包括多目标粒子群优化算法、非支配排序微粒群算法、差分进化算法等（Ismaiylov et al.，2013；Chang et al.，2010）。

2. 改进粒子群算法

粒子群算法（PSO）属于群智能算法的一种，是通过模拟鸟群捕食行为设计的。假设区域里就只有一块食物（即通常优化问题中所讲的最优解），鸟群的任务是找到这个食物源。鸟群在整个搜寻的过程中，通过相互传递各自的信息，让其他的鸟知道自己的位置，通过这样的协作，来判断自己找到的是不是最优解，同时也将最优解的信息传递给整个鸟群，最终，整个鸟群都能聚集在食物源周围，即问题收敛。

在粒子群优化算法中（门宝辉和尚松浩，2018），每个优化问题的潜在解都是搜索空间中的一只鸟，称为"粒子"（particle）或"主体"（agent）。每个粒子都有自己的位置和速度（决定飞行的方向和距离），还有一个由被优化函数决定的适应值（fitness value），并且知道自己到目前为止发现的最好位置（Pbest）和现在的位置 X_i，这个可以看作粒子自己的飞行经验。除此之外，每个粒子还知道到目前为止整个群体中所有粒子发现的最好位置（Gbest）（Gbest 是在 Pbest 中的最好值）。这个可以看作粒子同伴的经验。每个粒子使用如下信息改变自己的当前位置：①当前位置；②当前速度；③当前位置与自己最好位置之间的距离；④当前位置与群体最好位置之间的距离。

基于粒子群算法原理，改进算法优化求解过程如下：

（1）输入数据。

（2）生成包含 S 个个体 X_i（X_i 是一个向量，包含年内 36 个旬起始对冲点（SWA）值）的初始种群，S 可被 P 和 M 整除（P 为子群数量，M 为子群规模）。

（3）计算目标函数值 f_i 并按目标函数值从最优到最劣排序，记录全局最优个体和全局极值。

（4）将种群按一定规则分成 P 个子群，第 i 个子群 $A_i = \{X_j, f_i | X_j = X_{k+p(j-1)}, f_i | \}$，$k=1, \cdots, p$，记录每个子群的子群最优个体和子群极值。

A. 计算每个子群的进化速度。每个子群内的个体的进化速度由式（6-1）计算。

$$V_i = \omega \times V_i + c_1 \times r_1 \times (X_p - X_i) + c_2 \times r_2 \times (G - X_i) \tag{6-1}$$

式中，ω 称为惯性权重；X_p 和 G 分别为子群最优个体和全局最优个体；V_i 为子群 A_i 中个体的进化速度；c_1、c_2 为学习因子，r_1、r_2 为（0，1）之间的随机数。

B. 进化。根据 A 中的进化速度，子群个体进化，更新子群，根据函数值进行排序，进化操作由式（6-2）计算。

$$X_{i+1} = X_i + V_i \tag{6-2}$$

C. 更新。若个体的函数值优于子群极值，则更新子群最优个体和子群极值，若个体的函数值优于全局极值，则更新全局最优个体和全局极值。

D. 迭代。重复步骤 A ~ C 达规定的最大迭代次数。

（5）子群洗牌。将所有子群合并，重新排序。

（6）循环终止判断。如果满足终止条件，则循环终止，否则，转至步骤（4）。

通过改进粒子群算法，水库调度模型可以更快做出最优决策，效率更高。

6.2 丹江口水库可调水量分析

丹江口水库上游有众多水利工程，其中包括石泉、安康和黄龙滩三座大型水库。丹江口水库可调水量是指汉江流域水资源在不同的工程措施条件下，首先满足水源区用水（包括生态用水）的要求，丹江口水库按防洪、生态、供水、发电重要性依次递减的原则拟定控制水位和调度规则，对应不同输水工程规模从汉江丹江口水库调出的水量。丹江口水库可调水量计算流程见图6-1。

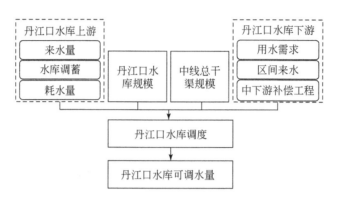

图6-1 丹江口可调水量计算流程

关于丹江口水库的可调水量，国内有关设计、科研、管理单位和大专院校都曾参与并进行了大量研究。综合分析认为，总干渠设计流量350m³/s、加大流量420m³/s条件下，可以调出水量97.13亿m³（与受水区联合调度后，多年平均调水量95亿m³），保证率95%的可调水量为61.7亿m³，是各调水方案中能较好满足受水区需水要求的方案。在与受水区当地各种水源联合供水、相互补充的前提下，经42年（1956～1997年）逐旬调节计算，可以满足受水区城市生活、工业等各部门的要求。经统计，丹江口水库大坝加高后，极限消落水位（145m）至正常蓄水位（170m）之间的调节库容为190.5亿m³，库容系数为0.49，水库可进行多年调节。但由于水库承担下游防洪任务，需要分期预留防洪库容，因此水库遇丰水年份时，有弃水发生。丹江口水利枢纽在中线一期工程调水97亿m³时，多年平均弃水量为54.85亿m³，水量利用系数为0.85。

6.2.1 丹江口水库供水对象的需水分析

丹江口水利枢纽供水对象包含汉江中下游、清泉沟和南水北调中线一期工程（含刁河灌区）三部分，下面对供水对象的需水进行分析。

1. 汉江中下游需水分析

根据《湖北省汉江中下游干流供水区供需分析专题》和《湖北省汉江中下游南水北调城市水资源规划报告》成果，干流规划供水范围2010水平年多年平均需水量为151.1

亿 m³。不同水源、不同频率下的需水量见表 6-1。

表 6-1　汉江中下游需水　　　　　（单位：亿 m³）

水平年	需水				当地径流供水				需引汉江水			
	平均	P=50%	P=85%	P=95%	平均	P=50%	P=85%	P=95%	平均	P=50%	P=85%	P=95%
2010	151.1	150.4	160.8	184.8	33.29	34.34	31.71	26.74	117.8	116.1	137.1	158.4

同时丹江口水库下泄量既需要满足河道外的用水需求（即汉江中下游沿岸各种取水设施的供水），又要满足河道内的用水需求，包括环境用水和航运用水。初步分析，仙桃断面汉江河道的流量保持在 500m³/s 以上，可大大改善沙洋以下河段水环境，控制住春季"水华"的发生。现状条件下丹江口—河口的航道基本达到Ⅳ级通航标准，为了满足航运需求，正常条件下丹江口水库下泄流量为 490m³/s，考虑汉江中下游支流来水，控制泽口河段流量不小于 500m³/s，汉口入长江河段流量不小于 300m³/s。

丹江口水库航运调度需要保障枢纽通航设施的正常运用，同时兼顾下游航运安全。为了给船舶过坝提供安全、便捷、有序的通过条件，丹江口水利枢纽通航建筑物上游最高通航水位为 170m，最低通航水位为 145m。下游最高通航水位为 93.09m，最低通航水位为 88.3m。中间渠道最高通航水位为 122.5m，最低通航水位为 121.7m。丹江口水利枢纽通航建筑物过坝最大通航流量 6200m³/s，最小通航流量 200m³/s。水库发电下泄流量变化引起下游河道水位日和小时变幅应满足船舶安全航行要求。遇特枯年份要兼顾坝下最低通航水位。

根据汉江中下游河道内及河道外需水要求计算，要求丹江口水库多年平均补偿下泄的水量为 162.2 亿 m³。在兴隆、闸站改造、航道整治、引江济汉工程实施的条件下，不同频率条件下丹江口水库补偿下泄水量见表 6-2。

表 6-2　丹江口水库补偿下泄水量　　　　　（单位：亿 m³）

水平年	多年平均	P=85%	P=95%
2010	162.2	173.3	185.0

2. 清泉沟需水分析

湖北省清泉沟引丹灌区位于湖北省襄阳市西北部的丘岗地区，属丹江口水库枢纽综合利用的组成部分。丹江口水利枢纽作为引丹灌区（即唐西地区）的主要水源，灌区内部蓄水工程主要依靠丹江口水库充蓄，"忙时供水，闲时充蓄"。供水顺序为：城乡生活及生态（含第三产业等）、工业（含建筑业）、农业灌溉。供水时优先使用当地水库上游来水量、当地提水和可开采的地下水，再依次使用外引水。为充分利用当地水资源，对充蓄调节水库设充库上限（充蓄系数），充蓄系数的确定既要充分利用引丹水源满足供水要求，又要有效利用水资源，尽量减少弃水。唐西地区 2010 年多年平均需水量 8.23 亿 m³，供水量 7.90 亿 m³，其中引丹江口水库水量 6.25 亿 m³，缺水量 0.33 亿 m³。与中线规划近期 2010 水平年分配给引丹灌区的 6.28 亿 m³ 水量基本一致。生活、工业供水保证率在 95% 以上，农业灌溉保证率 75% 以上，满足供水要求。采用 1956 年 5 月～1998 年 4 月共 42 年系列逐旬需水过程，多年平均需水水量 6.28 亿 m³，不同来水频率条件下清泉沟需引丹江口水库水量见表 6-3。

表 6-3　清泉沟需引丹江口水库水量　　　（单位：亿 m³）

水平年	多年平均	$P=85\%$	$P=95\%$
2010	6.28	8.06	9.13

3. 南水北调中线一期工程需水分析

南水北调中线工程的供水目标是以城市生活、工业供水为主，兼顾生态和农业用水。依据《南水北调中线一期工程可行性研究总报告》，南水北调中线一期工程经陶岔渠首多年平均调出水量 94.93 亿 m³，其中河南省 37.70 亿 m³，河北省 34.71 亿 m³，北京市 12.37 亿 m³，天津市 10.15 亿 m³；相应渠首引水规模为 350～420m³/s，75% 保证率调出水量约 86 亿 m³，特枯年份 95% 保证率调出水量约 61 亿 m³。在北调水与当地各种水源联合供水、相互补充的情况下，各受水城市生活供水、工业供水以及其他类供水保证率可基本满足受水区城镇供水保证率的要求。

6.2.2　丹江口水库防洪调度规则和供水调度规则

丹江口水库防洪调度规则（图 6-2）：在确保工程防洪安全的前提下，提高汉江中下游防洪能力。在汛期，水库不发生洪水时，库水位不得超过防洪限制水位。防洪限制水位为：每年 5 月 1 日开始，水库防洪限制水位逐渐降低，至 6 月下旬降至 160m；6 月下旬至 8 月下旬维持 160m；8 月下旬至 9 月上旬由 160m 向 163.5m 过渡；9 月维持该防洪限制水位不变；10 月上旬起可逐渐充蓄至 170m。发生洪水时，按既定的洪水调度规则调洪，洪水过后，库水位应消落至防洪限制水位，腾空防洪库容。

丹江口水库供水调度规则：在优先满足水源区用水要求的基础上，尽可能向北方多调水，并按库水位高低，分区进行调度，尽可能使供水均匀，提高枯水年调水量。供水调度采取分区方式，拟定了加大供水区、设计供水区、降低供水区、限制供水区。加大供水区为汛限水位以上区域，当库水位落在此区时，按总干渠加大流量供水；设计供水区在加大

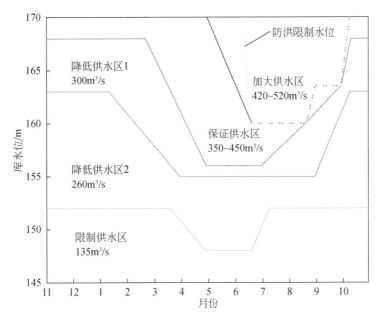

图 6-2 丹江口水库防洪调度规则

供水区之下，按总干渠设计流量供水；降低供水区是为供水流量平稳过渡而设置的，以使供水流量不出现大起大落的情况；限制供水区是为了保证汉江中下游用水和北调水不中断而设定的供水流量限制线。

在具体拟定各调度线时，未考虑受水区的需水过程，仅分别考虑以"年均调水量最大"或"枯水年调水量最大"两种不同的目标。前者是在满足汉江中下游用水的前提下尽量多调水，各调度线总体位置较低，但95%枯水年调水量较少；而后者水库各调度线总体位置较高，水库蓄水一般保持相对较多的状态，以备枯水期和枯水年仍有一定的水可以调出，95%枯水年的调水量为61.7亿 m^3。南水北调中线一期工程总体可研阶段，丹江口水利枢纽运行采用后一种目标对应的调度线。

加大供水区：当水库水位处于加大供水区时，陶岔渠首按最大过水能力供水，清泉沟按需供水，汛期当预报来水有较大可能产生弃水时，为有效利用水资源，发挥水库综合利用效益，可在满足清泉沟和陶岔渠首供水的前提下，适当增加汉江中下游供水水量。

保证供水区：当水库水位出于保证供水区时，陶岔渠首按设计流量供水，清泉沟、汉江中下游按需水要求供水。

降低供水区：当水库水位出于降低供水区时，为使调水更加均匀，该区分为降低供水区1和降低供水区2，陶岔及清泉沟渠首合计引水流量分别按300m^3/s、260m^3/s考虑。

限制供水区：当水库水位出于限制供水区时，陶岔及清泉沟合计引水流量135m^3/s。设置这一区域的目的是使特枯水年份供水不遭大的破坏。为体现水源区优先并兼顾北方供水区的需要，特枯水年份采取了以下措施：当丹江口库水位低于150m，来水大于350m³/s时，下游按需水的80%供水，但下泄流量不小于490m³/s；当库水位低于150m，且来水小于350m³/s时，下泄流量按400m³/s控制。

6.2.3 丹江口水库的供水潜力分析

为研究丹江口水库北调水量的供水潜力，旨在径流分析和调度规则的基础上，保证汉江中下游需水、清泉沟基本需水的条件下，尽可能提高年内北调水量，但同时考虑到城市供水的平稳变化，所以也需要保证年内供水在不同时段间的均匀性，选定调度目标为：在保证多年平均调水量与规划数据相差不大的基础上，尽可能提高枯水年调水量，并使年内调水过程更加均匀，用函数表示为下列形式：

$$ob_1 : \max \sum_{t=1}^{T} Q_{transfer,t} \times \Delta t$$

$$ob_2 : \max \left\{ \min \left[Q_{transfer,1}, Q_{transfer,2}, \cdots, Q_{transfer,T} \right] \right\} \tag{6-3}$$

式中，$Q_{transfer,t}$ 为 t 时段的外调水流量；Δt 为计算时段，本书采用的计算时段为旬。

约束条件如下：

（1）水量平衡约束：

$$V_{i,t+1} = V_{i,t} + (I_{i,t} - Q_{i,t} - Q_{transfer,t}) \times \Delta t - E_q \tag{6-4}$$

式中，$V_{i,t}$、$V_{i,t+1}$ 分别为水库在 t 时段的初末库容；$I_{i,t}$ 为 t 时段的入库流量；$Q_{i,t}$ 为 t 时段的平均出库流量；$Q_{transfer,t}$ 为 t 时段的外调水流量；Δt 为计算时段，E_q 为水库的蒸发渗漏损失，本研究取各时段蓄水量的 0.5‰。

（2）蓄水水位约束：

$$Z_{i,t,\min} \leqslant Z_{i,t} \leqslant Z_{i,t,\max} \tag{6-5}$$

式中，$Z_{i,t}$ 为水库在时段 t 的坝前水位；$Z_{i,t,\min}$ 和 $Z_{i,t,\max}$ 分别为 t 时段时水库允许达到的最低和最高水位，包括调度图中的调度区的上下限以及水库防洪限制水位的要求。

（3）下泄流量约束：

$$Q_{i,t,\min} \leqslant Q_{i,t} \leqslant Q_{i,t,\max} \tag{6-6}$$

式中，$Q_{i,t}$ 为水库在时段 t 的平均下泄流量；$Q_{i,t,\min}$ 和 $Q_{i,t,\max}$ 分别为 t 时段时水库平均下泄流量的上下限制线，主要是因为需要满足电站综合利用需求、下游河道行洪、航运等的需求。

（4）陶岔渠首过流能力限制：

$$Q_{tc} \leqslant Q_{tc,\max} \tag{6-7}$$

式中，Q_{tc} 为陶岔渠首的引水流量；$Q_{tc,\max}$ 为陶岔渠首在丹江库水位限制条件下允许通过的最大流量。

（5）清泉沟过流能力限制：

$$Q_{qqg} \leqslant Q_{qqg,max} \tag{6-8}$$

式中，Q_{qqg} 为清泉沟的引水流量；$Q_{qqg,max}$ 为清泉沟在丹江库水位限制条件下允许通过的最大流量。

（6）汉江中下游用水需求限制：

$$Q_{zxy} = \begin{cases} Q_{zxy,demand} & Z_{i,t} > Z_{i,t,1} \\ \max[Q_{zxy,demand} \times 0.8, 490] & Z_{i,t} \leqslant Z_{i,t,1}, I_{i,t} \geqslant 350 \\ 400 & Z_{i,t} \leqslant Z_{i,t,1}, I_{i,t} < 350 \end{cases} \tag{6-9}$$

式中，Q_{zxy} 为汉江中下游下泄流量。$Q_{zxy,demand}$ 为汉江中下游需下泄流量。$Z_{i,t,1}$ 为正常供水区的下限，当水库水位高于正常供水区时，汉江中下游按需水流量下泄；当水库水位低于正常供水区下限时，若丹江口水库入库流量大于 $350m^3/s$，则中下游下泄流量取 $490m^3/s$ 或需水流量的 80% 两者中的较大值；若入库流量小于 $350m^3/s$，则汉江中下游按 $400m^3/s$ 的流量下泄。

因为丹江口水库的调度年为首年的 11 月 1 日至翌年的 10 月 31 日，所以下面所用的年均指调度年。通过循环迭代演算，采用改进粒子群算法对丹江口水库供水调度模型（以下简称基本调度方案）进行求解，1956 年 11 月 ~ 2017 年 10 月各调度年的调度情况见表6-4。

表6-4 丹江口水库可调水量模拟计算结果

调度年	水量/亿 m³				
	入库	陶岔渠首	汉江中下游	清泉沟	弃水
1956 ~ 1957	268.26	60.91	155.57	5.35	14.79
1957 ~ 1958	518.63	76.88	175.96	6.62	164.10
1958 ~ 1959	268.32	103.55	219.18	4.88	26.87
1959 ~ 1960	332.46	67.56	164.20	7.34	23.69
1960 ~ 1961	358.86	96.94	210.51	7.23	27.83
1961 ~ 1962	284.37	87.82	211.60	9.15	0.00
1962 ~ 1963	596.06	105.23	213.55	6.28	236.29
1963 ~ 1964	760.72	112.42	230.36	4.91	386.83
1964 ~ 1965	437.01	120.02	231.43	3.40	113.25
1965 ~ 1966	189.72	79.24	182.32	7.59	0.00
1966 ~ 1967	398.80	78.51	182.69	8.59	63.73
1967 ~ 1968	474.79	109.94	226.22	6.18	83.49

续表

调度年	水量/亿 m³				
	入库	陶岔渠首	汉江中下游	清泉沟	弃水
1968～1969	285.22	100.87	218.98	6.97	0.00
1969～1970	339.52	95.04	202.95	7.90	0.00
1970～1971	347.48	103.36	227.14	5.51	11.97
1971～1972	315.15	105.13	221.32	4.57	29.69
1972～1973	361.52	95.55	192.99	6.26	0.00
1973～1974	417.04	105.32	229.27	4.47	97.15
1974～1975	475.18	100.10	220.97	8.65	124.93
1975～1976	290.29	100.92	220.80	5.62	0.00
1976～1977	248.82	90.11	188.51	7.87	0.00
1977～1978	242.89	74.74	169.19	5.91	0.00
1978～1979	319.03	63.57	171.69	7.38	16.04
1979～1980	448.84	98.51	199.16	3.67	107.98
1980～1981	487.27	109.33	229.82	3.93	151.99
1981～1982	457.76	100.51	223.17	8.79	117.99
1982～1983	747.42	113.11	230.54	6.00	351.21
1983～1984	582.41	124.43	232.13	3.96	272.18
1984～1985	393.86	107.21	229.63	5.40	35.21
1985～1986	253.55	95.98	216.28	6.33	0.00
1986～1987	373.52	89.39	184.69	6.72	56.88
1987～1988	311.74	87.43	190.15	6.89	5.85
1988～1989	450.93	108.19	217.69	4.23	121.30
1989～1990	382.51	106.24	215.53	5.05	77.97
1990～1991	263.11	89.64	178.00	4.49	9.72
1991～1992	278.05	67.60	167.62	5.03	0.00
1992～1993	332.45	103.82	206.00	6.49	14.11
1993～1994	246.66	91.87	197.67	4.56	0.00
1994～1995	244.39	69.62	155.15	7.25	0.00
1995～1996	300.37	76.79	173.14	6.62	0.00
1996～1997	228.00	95.45	216.28	2.70	0.00
1997～1998	303.36	53.20	146.66	6.70	21.36
1998～1999	150.31	65.08	152.97	2.55	0.00
1999～2000	370.57	53.42	159.91	6.24	16.41
2000～2001	216.84	90.69	209.41	6.99	0.00

续表

调度年	水量/亿 m³				
	入库	陶岔渠首	汉江中下游	清泉沟	弃水
2001~2002	212.80	70.18	166.21	6.54	0.00
2002~2003	482.31	54.66	168.41	5.91	136.78
2003~2004	288.50	88.28	219.56	8.78	0.00
2004~2005	473.69	94.10	200.57	8.64	144.43
2005~2006	234.72	94.82	206.16	5.57	0.00
2006~2007	320.20	68.70	169.10	6.49	27.63
2007~2008	249.39	80.20	164.85	3.59	0.00
2008~2009	327.81	99.59	193.74	6.05	16.30
2009~2010	495.46	106.98	215.53	3.71	169.51
2010~2011	450.84	89.10	186.51	8.58	132.92
2011~2012	360.69	111.91	230.36	6.00	38.62
2012~2013	242.31	91.22	180.36	4.45	4.29
2013~2014	256.84	60.00	153.32	4.95	0.00
2014~2015	240.99	97.25	191.19	5.19	0.00
2015~2016	200.59	61.92	152.35	4.96	0.00
2016~2017	446.03	66.54	168.56	8.30	47.92
多年平均	354.71	89.62	196.16	6.02	57.36

将南水北调中线工程规划时采用的 1956~1997 年系列计算结果与 1956~2017 年系列计算结果进行对比，见表6-5。

表6-5　计算结果对比表

名称	1956~1997 年系列	1998~2017 年系列	1956~2017 年系列
入库水量/亿 m³	371.81	316.89	354.71
陶岔渠首供水量/亿 m³	93.38	83.30	89.62
清泉沟供水量/亿 m³	6.03	5.97	6.01
下泄流量/亿 m³	201.83	183.64	196.16
年最大供水量/亿 m³	124.43	124.43	111.91
年最小供水量/亿 m³	53.19	53.19	53.42
陶岔渠首年供水量变差系数	0.18	0.34	0.20

由表6-5可知，与1956~1997年计算结果相比，1998~2017年陶岔渠首多年平均供水量减少了 10.08 亿 m³，约占规划值 97 亿 m³ 的 10.39%，清泉沟和汉江中下游的供水量

也相应减少，主要原因是 1998～2017 年丹江口水库的入库水量有所减少，与规划条件下的入库水量产生了较大差异。1998～2017 年陶岔渠首年供水量的变差系数明显高于1956～1997 年，说明入库径流和调水过程近 20 年来的年际差异发生了很大改变。

为了提高南水北调中线工程的可调水量，对丹江口的供水调度规则进行一些调整，分别从不同供水区开始限制汉江中下游供水。当水库水位处于加大供水区时，汉江中下游仍按需供水，在正常供水区汉江中下游按照 80% 的用水需求供水，从降低供水区开始按照 490m³/s 限制供水。采用丹江口水库供水调度模型，计算限制供水调度方案下陶岔渠首的供水量，计算结果见表 6-6。

表 6-6　限制中下游供水量条件下的水库可调水量

调度年	水量/亿 m³				
	入库	陶岔渠首	汉江中下游	清泉沟	弃水
1956～1957	268.26	60.91	153.43	5.35	15.64
1957～1958	518.63	77.95	171.53	6.63	167.20
1958～1959	268.32	107.06	209.64	4.88	32.96
1959～1960	332.46	68.73	162.28	7.35	24.73
1960～1961	358.86	98.51	204.20	7.24	31.02
1961～1962	284.37	91.56	209.81	9.19	0.00
1962～1963	596.06	105.30	204.55	6.28	245.05
1963～1964	760.72	112.42	218.59	4.91	398.61
1964～1965	437.01	120.02	218.59	3.40	125.59
1965～1966	189.72	79.91	182.61	7.61	0.00
1966～1967	398.80	78.84	179.32	8.60	67.21
1967～1968	474.79	111.15	215.08	6.18	91.96
1968～1969	285.22	102.81	213.32	6.99	4.02
1969～1970	339.52	97.55	195.77	7.90	0.00
1970～1971	347.48	103.70	218.59	5.52	22.50
1971～1972	315.15	106.29	211.39	4.57	39.71
1972～1973	361.52	99.31	186.82	6.26	0.19
1973～1974	417.04	110.19	218.59	4.47	106.13
1974～1975	475.18	101.84	213.15	8.66	130.98
1975～1976	290.29	103.76	213.15	5.63	0.00
1976～1977	248.82	92.71	190.33	7.91	0.00
1977～1978	242.89	75.81	167.16	5.92	0.00
1978～1979	319.03	63.57	169.77	7.38	18.83
1979～1980	448.84	99.77	192.26	3.67	113.62

调度年	水量/亿 m³				
	入库	陶岔渠首	汉江中下游	清泉沟	弃水
1980 ~ 1981	487.27	110.48	218.59	3.93	162.03
1981 ~ 1982	457.76	102.12	215.08	8.81	124.42
1982 ~ 1983	747.42	113.11	218.59	6.00	363.83
1983 ~ 1984	582.41	124.43	218.59	3.96	285.20
1984 ~ 1985	393.86	107.21	218.59	5.40	45.98
1985 ~ 1986	253.55	99.20	211.39	6.35	0.00
1986 ~ 1987	373.52	89.39	179.62	6.72	61.85
1987 ~ 1988	311.74	88.10	188.75	6.91	7.50
1988 ~ 1989	450.93	108.53	209.46	4.24	129.85
1989 ~ 1990	382.51	106.58	207.71	5.06	84.26
1990 ~ 1991	263.11	89.64	174.18	4.49	14.27
1991 ~ 1992	278.05	68.78	165.94	5.04	0.00
1992 ~ 1993	332.45	104.09	198.93	6.50	21.76
1993 ~ 1994	246.66	93.37	193.49	4.56	0.00
1994 ~ 1995	244.39	70.69	155.68	7.26	0.00
1995 ~ 1996	300.37	78.02	172.60	6.64	0.00
1996 ~ 1997	228.00	98.72	207.88	2.71	0.00
1997 ~ 1998	303.36	54.54	148.49	6.91	23.32
1998 ~ 1999	150.31	65.08	153.75	2.55	0.00
1999 ~ 2000	370.57	54.83	155.68	6.24	17.89
2000 ~ 2001	216.84	94.22	207.88	7.02	0.00
2001 ~ 2002	212.80	70.55	165.61	6.56	0.00
2002 ~ 2003	482.31	54.10	165.35	5.78	139.37
2003 ~ 2004	288.50	91.63	215.08	8.81	0.00
2004 ~ 2005	473.69	94.43	195.42	8.65	150.28
2005 ~ 2006	234.72	97.03	204.20	5.59	0.00
2006 ~ 2007	320.20	69.93	165.96	6.49	29.07
2007 ~ 2008	249.39	80.20	163.65	3.59	0.00
2008 ~ 2009	327.81	99.93	188.75	6.06	22.05
2009 ~ 2010	495.46	106.98	205.95	3.71	179.31
2010 ~ 2011	450.84	89.43	183.31	8.59	135.52
2011 ~ 2012	360.69	113.11	218.59	6.00	49.15
2012 ~ 2013	242.31	91.22	176.11	4.45	8.11

调度年	水量/亿 m³				
	入库	陶岔渠首	汉江中下游	清泉沟	弃水
2013～2014	256.84	61.07	153.09	4.96	0.00
2014～2015	240.99	96.74	188.58	5.20	0.00
2015～2016	200.59	64.06	153.13	4.97	0.00
2016～2017	446.03	66.51	165.79	8.30	50.24
多年平均	354.71	90.78	190.97	6.02	61.33

由表6-6可知，通过减少汉江中下游的供水量，可以在一定程度上增加北调水量。汉江中下游年均供水量减少了5.19亿 m³，北调水量增加了1.16亿 m³，弃水量增加了3.96亿 m³，这说明单纯依靠限制下泄对增加北调水量起不到显著效果，反而会增加弃水量，所以需要在限制下泄的基础上对调度图进行优化。

6.3 对冲规则

6.3.1 对冲规则的起源及概念

对冲规则起源于金融学，是一种以减小收益来降低风险的操作，即在现货市场和期货市场同时进行两笔行情相关、方向相反、数量相当、盈亏相抵的交易，既减小未来可能的收益，又减小未来可能的损失，降低了损失的风险，这种操作称为对冲。行情相关是指市场中的两种商品价格行情与市场供求存在相关性，供求关系的变化会影响两种商品的价格，且价格变化的方向基本相同。方向相反是指市场中两笔交易的买卖方向相反，使得无论价格如何变化，两笔交易总是一盈一亏。为了做到盈亏相抵，需要依据价格变动的幅度来确定两笔交易的数量大小，大体做到数量相当（张娜妮，2014）。

对冲操作主要针对现货市场和期货市场而言，现货市场指的是买卖双方在某特定时间和地点同意立即交货的交易市场，期货市场是未来的现货市场，是按照协议在未来进行交易的市场，需要指出的是，现货市场交易的是现货，即某种特定的商品；期货指的是某种特定商品标的可交易的标准化合约，即在未来的某一时间和地点可以对该种商品按照合约要求进行交易，期货的价格可以作为现货价格变动的"晴雨表"。为了更好地解释对冲以及将对冲的概念与水库调度结合，在期货的基础上引入期权的概念，期权与期货类似，指的是买方能在未来的特定的时间买入或者卖出某种标的物的权利。例如，某投资者在现货市场买入1只价格为10元/只的股票，三个月后该股票期权的执行价格为9元/只，买入该期权所需要花费的权利金为 1 元/只，该投资者进行不对冲和对冲操作的盈亏分析见表 6-7（此时对冲操作指花费权利金买入期权，之后能按期权执行价格卖出股票）。

表 6-7　对冲与否的盈亏分析

时间	现货	期权市场	现货	期权市场
现在	10 元/只	权利金：1 元/只 执行价格：9 元/只	10 元/只	权利金：1 元/只 执行价格：9 元/只
3 个月后	15 元/只		5 元/只	
不对冲操作 结果	盈利 5 元		亏损 5 元	
对冲操作结果	按 15 元/只价格卖出， 盈利 15−10−1=4 元		按执行价格 9 元/只卖出， 亏损 10+1−9=2 元	

由表 6-7 可知，若股票 3 个月后的价格在 5~15 元/只范围内波动，则不对冲操作的可能收益范围是（−5，5），而对冲操作可能的收益范围是（−2，4），可以看出，若股票价格下跌，通过对冲操作能有效地降低大额损失的风险。

6.3.2　已有水库调度中的对冲规则

水库是人类利用水资源的重要途径，通过径流调节进行蓄丰补枯，能使天然来水在时间和空间上较好地满足用水部门的需求，具有防洪、供水、灌溉、航运等重要作用。对于供水为主的水库，在干旱期，受水区在后期会发生严重缺水，研究在干旱期水库供水调度以减小缺水损失，具有重要意义。

目前最常见的水库调度规则为标准调度规则，又称标准运行策略（standard operation policy，SOP）。其供水量是可供水量（当前时段蓄水+当前时段的预计径流−当前时段的蒸发渗漏损失量）的函数，该时段当可供水量大于需水量时则按需水量供水，否则按可供水量供水，当可供水量大于需水量时在时段末有蓄水，当蓄水大于最大蓄水量时，产生弃水。这种调度规则旨在充分满足当前阶段的需水，水库按当前时段需求供水，当可供水量（蓄水+当前时段来水）不足以满足当前时段需水时，则全供。在干旱期，这种只考虑当前阶段需水的调度规则容易在后期造成严重缺水事件，为了解决这个问题，经济学中的对冲理论被应用于干旱期的水库调度，即水库调度的对冲规则（hedging rule，HR）。当水库可供水量较少时，通过减少水库供水，可将部分水量存蓄以供未来使用，能减小未来严重缺水事件发生的风险。HR 和 SOP 如图 6-3 所示。

对于以供水为主的水库，SOP 认为供水产生的效益与供水量呈线性关系，超过需水量

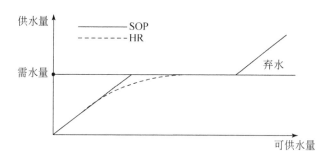

图 6-3　HR 和 SOP

部分的供水不再产生效益，仅需最大化各时段供水的效益即可最大化供水产生的总效益，存蓄超过需水量部分的多余水量直至达到最大蓄水容量。基于供水产生的效益与供水量呈线性关系的假定，按 SOP 供水能获得最大效益，即 SOP 是最优供水方案，实际上，当用水户的用水需求不能得到完全满足时，会通过改变供水组成自发追求效益最大（即效益最大的部门优先供水），导致单位缺水的损失随总缺水量的增大而增大，或者说单位供水的价值随已供水量的增大而减小。

为了避免未来可能缺水造成较大的损失，水库供水调度在水库蓄水量较小时不是追求效益最大而是追求缺水风险尽量小。1946 年，Massé（1946）最早将对冲规则引入水库供水调度中。对冲规则应用在水库调度或水资源优化配置中，这两笔交易可泛指当前阶段供水和由当前阶段供水和来水决定的阶段末蓄水两个主体，核心目的是确定现阶段供给水量和阶段末蓄存水量，从而实现通过允许当前阶段的少量缺水来规避未来阶段严重缺水的风险。对冲规则的原理是当水库蓄水少但仍能满足需水时，提前限制供水，以当前阶段缺水为代价避免未来可能出现较大的缺水损失。

因此，考虑到未来发生缺水事件的可能性，通过提前在一定范围内限制供水，可确保存水的高利用价值，获得更大的总供水效益，也可减小总缺水损失，这种通过提前限制供水减小总缺水损失的供水规则称为水库调度的对冲规则。水库调度的对冲规则最早起源于金融学，其中，每立方米供水的价值不同即是金融学中的"边际价值"概念。

通过式（6-10）分析对冲规则在水库调度中的作用：假定 $B(D)$ 为供水的效益函数，由上述可知，供水的边际效益随已供水量的增加而递减，即供水的效益函数满足上凸、一阶导数大于零、二阶导数小于零。又假定某一阶段末的蓄水效益函数为 $C(S)$，表示阶段末的蓄水在未来使用过程中产生的效益，Draper 和 Lund 给出的蓄水效益 $C(S)$ 的表达式为

$$C(S) = \max\left[\text{EV}\left\{\sum_{t=1}^{T}\left(B_t\left[D_t + s_t + \frac{\partial D_t}{\partial A_t}\left(S - \sum_{r=1}^{t} s_t\right)\right]\right) - B_t(D_t)\exp(-rt)\right\}\right] \quad (6\text{-}10)$$

式中，EV 为衡量各时段供水产生的效益；S 为某一时段末的蓄水量，在未来的 t 个时段内

被分为 s_t，存水的效益是通过存蓄水量在未来供水的各个时段内产生的边际效益，即 $\partial B / \partial D_t$，存水造成的泄流和蒸发不产生效益，存蓄水量增大会增加后期供水量，增加的供水量为 $\dfrac{\partial D_t}{\partial A_t}\left(S - \sum_{r=1}^{t} s_t\right)$，其中，$A = S + D$；$\exp(-rt)$ 表示折现因子；$B_t(D_t)$ 为供水量 D_t 产生的效益。供水效益函数是上凸型函数（一阶导数大于零，二阶导数小于零），蓄水效益函数也是上凸函数。供水产生的总效益可以表示为：

$$\max Z = B(D) + C(S) \tag{6-11}$$

根据拉格朗日乘子法，引入 λ，得到：

$$L = B(D) + C(S) + \lambda(A - S - D) \tag{6-12}$$

分别对 S、D、λ 求一阶导数：

$$\frac{\partial L}{\partial S} = 0 = \frac{\partial C(S)}{\partial S} - \lambda \tag{6-13}$$

$$\frac{\partial L}{\partial D} = 0 = \frac{\partial B(D)}{\partial D} - \lambda \tag{6-14}$$

$$\frac{\partial L}{\partial \lambda} = 0 = A - S - D \tag{6-15}$$

供水总效益最大的必要条件为

$$\frac{\partial C(S)}{\partial S} = \frac{\partial B(D)}{\partial D} \tag{6-16}$$

要使总的供水效益最大化，也就是使供水量满足供水边际效益等于蓄水边际效益。当给定了供水的效益函数时，对于一个确定的可供水量，存在一个确定的供水量满足供水边际效益等于蓄水边际效益，将这样一系列供水边际效益和蓄水边际效益相等的点连接起来，即图 6-3 中虚线部分线段。这条虚线与 SOP 有两个交点，这两个交点之间是实施对冲的区间，称为对冲区间；右边交点满足供水量等于需水量且供水边际效益和蓄水边际效益相等，随着可供水量从非对冲区间减小到对冲区间，该点是对冲过程的起始点，称为对冲起始点（starting water ability, SWA）；左边交点满足供水量等于可供水量且供水边际效益和蓄水边际效益相等，随着可供水量从对冲区间减小到非对冲区间，该点是对冲过程的终止点，称为对冲终止点（ending water ability, EWA）；在对冲区间时，供水量与需水量的比值称为对冲比例（hedge ratio）。可以发现，在对冲区间右端，按照对冲规则曲线供水时，供水量大于需水量，则按需供水；在对冲区间左端，按照对冲规则曲线供水时，可供水量不能满足需水，按可供水量供水。

6.3.3 对冲规则的形式

SWA、EWA 和对冲比例是定义对冲过程的三个参数，SWA 和 EWA 是对冲过程的起点和终点。对冲比例，又称限制比例，定义对冲过程中供水限制的程度，其值为供水量与需水量的比值。根据对冲比例随可供水量变化的关系，对冲规则可以分为基于区域对冲规则、连续对冲规则、单点对冲规则、两点和三点对冲规则等几种类型（张珮纶，2018；张弛等，2018）。其中，当可供水量在不同区间时，基于区域对冲规则的对冲比例是需水量的离散比例（图6-4）；连续对冲规则的限制供水部分的坡度连续变化（对冲比例连续且非线性变化）；单点对冲规则的对冲区间从 SWA 到水库可供水量为 0 为止（EWA 为原点），即单点对冲规则的 EWA 在原点，对冲比例随可供水量线性变化；两点对冲规则的对冲终止点不在原点，对冲比例随可供水量线性变化；三点对冲规则是在两点对冲规则中指定一个点，分别连接 SWA 和 EWA（两个线性变化的对冲过程段）（图6-5）。

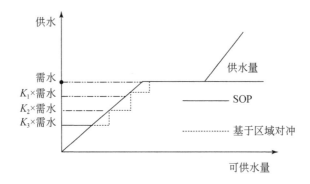

图 6-4　基于区域对冲规则

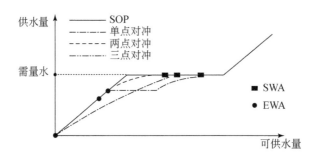

图 6-5　单点、两点和三点对冲规则

6.3.4　联合对冲规则的提出

外调水引水过程会对受水区供水情况产生影响，当地水库根据当地需水情况进行供水，若前期引水少，则当地水库供水多，在后期当地可供水少可能造成较大缺水损失；若前期引水多，则当地水库供水少，可能导致当地水库蓄水量大而大量弃水，由于外调水工程工程投入和运行费用较大，引水量大会较大增加水费投入。因此，研究确定各时段的引水量和当地水库的供水量，以达到少引水的同时减小缺水风险的效果，具有重要意义。

当水库可供水量少时，采用三点对冲规则的形式，限制水库供水和增引外调水；当水库可供水量较多时，采用单点对冲规则的形式，限制引水和增加水库供水。这两个对冲过程的 SWA 和 EWA 分别为 SWA_1、EWA_1 和 SWA_2、EWA_2，将水库的库容分为 5 个区间。区间 5 是弃水区，这部分区间在汛期位于汛限水位以上，在非汛期位于正常蓄水位以上；当水库可供水量位于区间 4 时，水库可供水量较大，应用对冲规则增大水库供水同时减小外调水引水；当水库可供水量位于区间 1 和区间 2 时，水库可供水量较小，为了减小未来不可接受缺水事件发生的风险，应用对冲规则增大外调水引水量，减少水库供水。受水区的外调水引水和水库供水过程采用单点和三点对冲规则，将这种对冲称为联合对冲规则（图 6-6）。

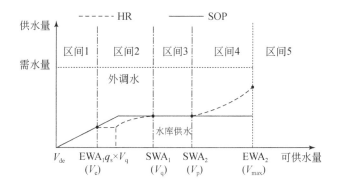

图 6-6 联合对冲规则形式

由图 6-6 可知，当受水区的年内来水较多时，认为水库的可供水量常驻区间 4 或区间 3，对冲规则要能减小外调水的引水量，同时不影响来年水库的供水，因此，追求水库年末的蓄水量最大和引水量最小；当受水区年内来水较少时，水库的可供水量在后期多保持在区间 2 甚至区间 1，对冲规则要能减小未来发生严重缺水事件的风险。联合对冲的过程及对冲比例见表 6-8。

表 6-8 联合对冲过程及对冲比例

区间	范围	引水量	水库供水量	对冲比例
4	$[SWA_2，V_{max}]$	$M_t \times p$	$D_t - M_t \times p$	$p \in (1，p_e)$
3	$[EWA_1，SWA_2]$	M_t	L_t	
2	$[SWA_1，EWA_1]$	$D_t - q \times L_t$	$q \times L_t$	$q \in (q_s，1)$
1	$[V_{de}，SWA_1]$	$D_t -$水库可供水量	水库可供水量	

表 6-8 中，D_t 为 t 时段的需水量，M_t 和 L_t 为 t 时段水库供水量和外调水量（$D_t = M_t + L_t$）；p 和 q 是对冲比例，变化范围分别是（1，p_e）和（q_s，1）。p_e 和 q_s 分别是两对冲过程的最大对冲比例，其值需要预先设定，其数值大小会影响联合对冲过程的效果：若 q_s 太大，则减小缺水风险的效果小，若 q_s 太小，则在某些情形下对冲规则可能增大总缺水量；若 p_e 太小，则减小外调水引水的效果小，若 p_e 太大，则会影响水库未来的供水。p 和 q 两个参数可由式（6-17）~式（6-19）确定（其中 SWA_1 和 SWA_2 为待优化点）：

当可供水量介于 V_{max} 和 SWA_2（区间 4）：

$$p = p_e + \frac{(1-p_e) \times (V_{max} - V_t)}{V_{max} - V_p} \tag{6-17}$$

当可供水量介于 V_q 和（$1-q_s$）×（$V_q - V_{de}$）$+ V_{de}$（区间 2）：

$$q = 1 - \frac{V_q - V_t}{V_q - V_{de}} \tag{6-18}$$

当可供水量小于（$1-q_s$）×（$V_q - V_{de}$）$+ V_{de}$（区间 1）：

$$q = q_s \tag{6-19}$$

式中，V_{max} 为库容，汛期时为汛限水位对应的库容，非汛期为正常蓄水位对应的库容；V_t 为 t 时段水库的可供水量；V_q 为 SWA_1 对应的蓄水量；V_p 为 SWA_2 对应的蓄水量；V_{de} 为水库的死库容；p_e 和 q_s 为预先设定的两对冲过程的对冲比例最小值。

6.3.5 水库调度中对冲规则的分类

对冲规则的原理是当水库可供水量少时，以当前阶段缺水为代价减小未来可能出现的较大的缺水损失，这是水库调度对冲规则的理论基础，之后的许多研究内容都是基于此进行展开和深入的，在对当前阶段对冲规则研究的基础上，本研究将水库调度的对冲规则的研究分为两大方面共五类，根据研究对象是单个水库还是多个水库，可以分为单水库调度的对冲规则和多水库联合调度的对冲规则，其中，单水库调度的对冲规则的研究分为三类：理论研究类、耦合模型类、风险模型类；多水库联合调度的对冲规则的研究分为两类：对冲规则在水库联合调度中的应用和利用对冲规则指导水库间调水。本研究对冲规则包括以下 4 类。

（1）理论研究类：即水库调度的对冲规则在应用过程中，诸多外部、内部因素会对对冲规则的效果产生影响，研究这些因素对对冲效果的影响；或对供水边际效益和蓄水边际效益相等的理论进行深入挖掘等，如 You 和 Cai（2008）对来水不确定性等级、蓄水容量、缺水程度对对冲效果的影响进行了研究；Draper（2001）研究了供水边际效益和蓄水边际效益相等的一种表达：供水和蓄水的惩罚效益函数的边际值相等。

（2）耦合模型类：实际调度中供水和蓄水的效益难以表示，但水库调度的对冲规则的基本原理都是坦化缺水率过程，因此，通过拟定不同目标函数可起到坦化缺水率过程和减小缺水风险的作用，通常以缺水指标和（Guo et al.，2012）（常见为缺水率平方和）最小为目标，利用优化算法求得对冲规则线。Neelakantan 和 Pundarikanthan（1999）基于对冲理论提出了各时段缺水率平方和最小的目标函数，将不可接受的缺水事件化为长时段的可接受的小缺水事件；Tatano 等（1992）指出缺水损失与缺水持续时间和缺水量有关，基于一步转移概率和对冲理论提出了缺水损失最小的目标函数；Shiau 和 Lee（2005）提出了总时段的缺水比例最小指标和各时段的最大缺水量最小指标，提出了两指标的加权和最小的目标函数。

（3）风险模型类：水库汛期防洪和兴利间存在矛盾，蓄水增加会增大防洪风险，基于对冲理论在防洪风险和蓄水效益间权衡达到整体最优，例如丁伟（2016）提出基于边际效益相等研究汛期水库在防洪和兴利间如何权衡以增大效益的同时减小风险，在风险和效益间达到较好平衡。

（4）对冲规则指导水库间调水：利用对冲理论指导水库间的调水，例如齐子超（2011）提出引江水流入北京市大宁水库，该水库在引江水来水不均匀性调蓄的同时与密云水库相连，承担为中心城区供水任务，对水库日末蓄水量分区，根据大宁水库日末的蓄水状态确定是否调水至密云水库或从密云水库调水，以保证该水库较合适的蓄水量和较好地保证北京市供水。

对冲理论应用在水库调度或水资源优化配置中，将当前阶段供水和由当前阶段供水和来水决定的阶段末蓄存水量作为两笔交易的交易对象，这样操作的核心目的是通过对冲规则确定现阶段水库的供给水量和阶段末水库蓄水量，从而实现通过允许现阶段的少量缺水来规避未来阶段严重缺水的风险。

6.4 基于对冲规则的丹江口水库调度方案

6.4.1 对冲规则在丹江口水库调度中的应用

对冲理论应用在水库调度或水资源优化配置中，将当前阶段供水和由当前阶段供水和来水决定的阶段末蓄存水量作为两笔交易的交易对象，这样操作的核心目的是通过对冲规则确定现阶段水库的供给水量和阶段末水库蓄水量，从而实现通过允许现阶段的少量缺水来规避未来阶段严重缺水的风险。

将对冲理论引入丹江口水库供水调度中，目的是在水库蓄水量较小时，通过限制前期的供水来降低后期出现严重缺水事件的风险。依据对冲规则对两条限制供水线进行优化，调度期开始水库水位较低，并且非汛期来水较少时，按照优化的限制供水线进行调度。其他情况下则仍按照水库调度图（图6-2）进行调度。

丹江口水库供水调度中，对冲规则就是在非汛期提高两条限制供水线，减少非汛期的供水量，目标主要有两个：一是当汛期来水较大时能更快将水位抬升至正常供水区，充分利用汛期来水北调；二是如果汛期来水仍然较少，可以减小水库水位降至死水位的可能，降低供水破坏的风险。

具体操作时可将调度期分为每年11月1日~翌年4月30日（非汛期）和5月1日~10月31日（汛期）两个阶段，设置的对冲规则启动条件为水库调度期初蓄水量与非汛期的来水量之和。若以全年来水量作为启动条件，可能会由于某些年份非汛期来水少，而汛期来水多而无法启动对冲规则，水库水位在非汛期急剧下降，甚至到150m的死水位以下，不利于调水量的增加且有可能造成缺水风险。

将非汛期来水少的4个年份（1991~1992年、1998~1999年、2001~2002年和2006~2007年）作为典型年进行调度，采用粒子群优化算法对供水限制线进行优化求解，将北调水量最大作为目标函数，得到优化之后的每年的供水限制线，然后再将其作为粒子群中的初始粒子再次进行求解，循环计算，直至得到符合条件的最优供水限制线。在求解过程中，不断改变水库的起调水位，同时进行对冲规则启动条件的判别，计算得到两条新的限制供水线见图6-7。

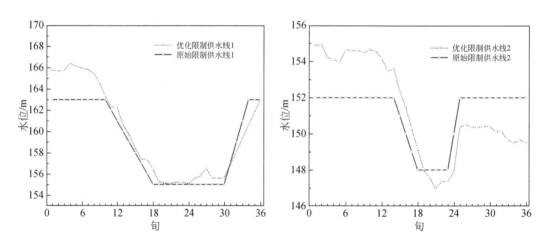

图6-7　基于对冲规则优化的两条限制供水线

（1）当调度期开始时，水库蓄水量与非汛期来水量小于242.7亿 m³ 时，启动对冲规则，即调整原始调度图中的两条限制供水线为经对冲规则优化之后的限制供水线。可以明显看出（图6-7），在非汛期优化的限制供水线抬升了，而在汛期，尤其是限制供水线2在原始限制线的基础上降低了。在非汛期来水少而且起始水位低的情况下，抬高限制供水线，适当减少供水量，一是降低水位低于死水位而造成的缺水风险，二是能在汛期来水增多时迅速抬升水位，增加北调水量。这样也会因为汛期的来水过多而发生弃水，所以在汛期时，优化限制供水线的水位低于原始限制供水线，这样可以提前增加北调水量，减少因来水过多而发生弃水的可能。

为验证对冲规则的可靠性，采用对冲规则优化的限制供水线对选择的 4 个典型年进行调节演算，起调水位设置为 151 ~ 160m，北调水量计算结果如图 6-8 所示。

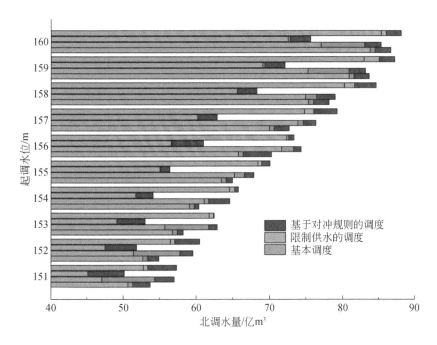

图 6-8　各典型年不同水位的北调水量

由图 6-8 可知，选择的四个典型年在采用对冲规则的条件下能显著增加北调水量。起调水位为 151m 和 152m 时，基于对冲规则的调度方案北调水量明显最大，说明调度期开始时的水位越低，采用对冲规则增加的蓄水量越多，即若丹江口水库遭遇连续枯水年，对冲规则不仅能减小水位降低至死水位以下的风险，还可以大幅增加北调水量，保证南水北调受水区的用水安全。

（2）经对冲规则优化后的限制供水线与原调度图的限制供水线对比可以看出，优化的限制供水线在非汛期高于原限制供水线，而在汛期相反，优化的限制供水线低于限制供水线，因为非汛期抬高限制供水线可以减少水库供水量，可以防止在汛期仍然来水少时，水位跌落至死水位之下，而若汛期来水较多，因为限制供水线的降低，又可以充分增加供水量，减少前期控制供水而导致的弃水增加，所以经过优化的限制供水线可以提高枯水年主要是非汛期来水也较少的枯水年的北调水量。

6.4.2 水库低水位运行风险的分析

采用上述对冲规则对丹江口水库供水调度模型进行调节演算，并将北调水量计算结果与基本调度方案和限制供水调度方案的计算结果进行比较（表6-9）。

表6-9 三种方案下调水量结果

调度年	北调水量/亿 m³			是否启动对冲规则
	基本调度	限制供水调度	基于对冲规则的调度	
1956~1957	60.91	60.91	60.91	0
1957~1958	76.88	77.95	77.95	0
1958~1959	103.55	107.06	107.06	0
1959~1960	67.56	68.73	68.73	0
1960~1961	96.94	98.51	98.51	0
1961~1962	87.82	91.56	91.56	0
1962~1963	105.23	105.30	105.30	0
1963~1964	112.42	112.42	112.42	0
1964~1965	120.02	120.02	120.02	0
1965~1966	79.24	79.91	79.91	0
1966~1967	78.51	78.84	79.54	1
1967~1968	109.94	111.15	112.89	0
1968~1969	100.87	102.81	104.89	0
1969~1970	95.04	97.55	99.98	0
1970~1971	103.36	103.70	105.70	0
1971~1972	105.13	106.29	108.37	0
1972~1973	95.55	99.31	101.79	0
1973~1974	105.32	110.19	111.03	0
1974~1975	100.10	101.84	102.55	0
1975~1976	100.92	103.76	105.83	0
1976~1977	90.11	92.71	95.25	0
1977~1978	74.74	75.81	77.33	1
1978~1979	63.57	63.57	66.89	1
1979~1980	98.51	99.77	102.00	0
1980~1981	109.33	110.48	112.48	0
1981~1982	100.51	102.12	104.19	0
1982~1983	113.11	113.11	115.11	0

调度年	北调水量/亿 m³			是否启动对冲规则
	基本调度	限制供水调度	基于对冲规则的调度	
1983～1984	124.43	124.43	126.43	0
1984～1985	107.21	107.21	109.21	0
1985～1986	95.98	99.20	101.31	0
1986～1987	89.39	89.39	91.72	0
1987～1988	87.43	88.10	90.29	0
1988～1989	108.19	108.53	110.62	0
1989～1990	106.24	106.58	106.04	0
1990～1991	89.64	89.64	89.67	0
1991～1992	67.60	68.78	71.46	1
1992～1993	103.82	104.09	103.05	1
1993～1994	91.87	93.37	95.64	0
1994～1995	69.62	70.69	73.85	1
1995～1996	76.79	78.02	80.79	0
1996～1997	95.45	98.72	100.79	0
1997～1998	53.20	54.54	57.52	0
1998～1999	65.08	65.08	67.54	1
1999～2000	53.42	54.83	53.59	0
2000～2001	90.69	94.22	91.29	0
2001～2002	70.18	70.55	73.09	1
2002～2003	54.66	54.10	57.42	1
2003～2004	88.28	91.63	93.70	0
2004～2005	94.10	94.43	96.91	0
2005～2006	94.82	97.03	99.22	0
2006～2007	68.70	69.93	69.50	1
2007～2008	80.20	80.20	81.58	1
2008～2009	99.59	99.93	96.75	1
2009～2010	106.98	106.98	109.09	0
2010～2011	89.10	89.43	92.16	0
2011～2012	111.91	113.11	115.11	0
2012～2013	91.22	91.22	93.35	0
2013～2014	60.00	61.07	64.91	1
2014～2015	97.25	96.74	98.49	0
2015～2016	61.92	64.06	65.88	1

续表

调度年	北调水量/亿 m³			是否启动对冲规则
	基本调度	限制供水调度	基于对冲规则的调度	
2016~2017	66.54	66.51	68.20	1
多年平均	89.62	90.78	92.20	

注：表中数字1代表启动对冲规则，数字0代表未启动对冲规则。

在限制向中下游下泄水量的条件下，在非汛期来水少的年份中依据对冲规则还能增加多年平均可调水量1.25亿 m³。在61个调度年中，基于对冲规则的调度方案共启动了16次，增加的北调水量平均值为1.58亿 m³。北调水量增加最多的是2011~2012调度年，增加了3.84亿 m³。该调度年为枯水期水库入库径流极少而汛期来水量又相对多的年份。这样的年份，前期因限制水位抬升而减少的供水量可以尽量减小水库水位的降幅，为后期来水增加抬升水位，从而增大供水量提供了有利条件，这也是丹江口水库采用对冲规则优化的限制供水线较为适合的年份。

对冲规则对丹江口水库在枯水年的正常运行也起到了有效的作用（图6-9）。通过在前期抬高两条限制供水线，减少了水库降到150m死水位的频率，降低了水库达到145m极限死水位的风险。在运用对冲规则的16年576旬中，有13年出现了水位低于150m的情况，若按常规调度有192旬的水库水位处于死水位之下，而若在基于对冲规则的水库调

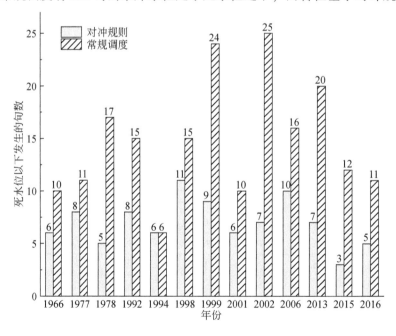

图6-9　启动对冲规则的年份死水位以下发生旬数对比

度条件下，这个数字下降到了 91 旬，发生的频率减少了 52%，尤其在 2002 年，对冲规则将水库水位降到死水位以下发生的次数从 25 旬减少为 7 旬，即对冲规则条件有效地保证了水库的安全运行。

6.5　中线工程沿线调蓄水库的供水潜力分析

南水北调中线工程作为解决我国京津冀地区缺水的根本措施，是保证受水区可持续发展、实现生态环境良性循环的重大基础设施。然而随着受水区用水需求的不断增加，供水范围也在进一步扩大，受水区尤其是京津冀地区对南水北调水的依赖程度越来越高。为了保证京津冀地区的供水安全，本研究以河南、河北地区的沿线水库为研究对象，从工程规划、工程过流能力、水库特性等方面探讨其对扩大中线工程供水潜力的作用，计算中线工程在经过河南省沿线调蓄水库补充供水及补偿调节之后可向京津冀地区的最大供水能力，以及河北省沿线调蓄水库对中线一期工程在时间和空间上的调节能力。

6.5.1　中线工程沿线调蓄水库的选择条件及基本概况

南水北调中线一期工程总干渠沿线共布置分水口门 97 个，其中河南段 41 个，河北段 34 个（含西黑山分水口门），北京段 11 个，天津干线 11 个（其中 9 个在河北省境内，为天津干线沿线保定、廊坊地区供水），详见附表 1。

1. 沿线调蓄水库的选择条件

根据规划调蓄的需要，考虑到沿线调蓄工程的作用，优先考虑利用已建水库，当南水北调水量不满足京津冀地区应急需求时，可以利用已建水库通过南水北调工程向北供水，同时在北调水量较大时，可以利用调蓄水库进行存水，为下游受水区的丰枯调蓄和应急供水提供条件。考虑到南水北调中线工程来水的不均匀性，并且为了保证南水北调中线工程的供水安全，主要考虑上游来水较多、水质较好、满足用水要求的水库。

2. 河南省的沿线调蓄水库情况

按照已建水库是否与干渠相连将其分 3 类：第一类为能与干渠相连，且与干渠能进行双向供水的调蓄水库；第二类为能通过连接工程由干渠充库的水库或者为能向干渠单向输水的水库；第三类为未能与干渠联通的水库。按照上述条件，河南省选择 8 座调蓄水库，分别为兰营水库、鸭河口水库、燕山水库、白龟山水库、昭平台水库、尖岗水库、常庄水库、盘石头水库。

根据收集的河南省水库水文站或水库坝址附近水文站实测入库径流序列，通过 P-Ⅲ 频率曲线计算各水库不同频率实际入库径流，其结果如表 6-10 所示。

表 6-10　河南省境内 8 座调蓄水库水文年入库径流计算结果

序号	水库	参数			入库径流/亿 m³		
		均值/亿 m³	C_v	C_s/C_v	50% 保证率	75% 保证率	90% 保证率
1	兰营水库	0.19	0.35	1.0	0.16	0.07	0.03
2	鸭河口水库	10.56	0.52	2.0	9.69	6.69	4.6
3	燕山水库	2.91	0.74	2.0	2.23	1.16	0.62
4	白龟山水库	7.51	0.58	2.5	6.18	3.96	2.41
5	昭平台水库	4.91	0.51	1.5	4.51	2.97	1.87
6	尖岗水库	0.19	0.49	4.0	0.16	0.12	0.11
7	常庄水库	0.02	0.77	1.5	0.16	0.09	0.001
8	盘石头水库	1.41	0.92	2.5	0.96	0.55	0.41

河南省境内 8 座调蓄水库的基本情况见表 6-11。

表 6-11　河南省境内 8 座调蓄水库的基本情况

序号	水库名称	流域面积 /km²	库容 /亿 m³	兴利库容 /亿 m³	死水位 /m	汛限水位 /m	正常蓄水位 /m
1	兰营水库	37	0.125	0.045	128.5	144.45	144.45
2	鸭河口水库	3030	13.39	7.62	160	175.7	177
3	燕山水库	1169	9.25	2	95	104.2	106
4	白龟山水库	2740	9.22	2.46	97.5	102	103
5	昭平台水库	1430	6.85	2.32	159	167	169
6	尖岗水库	113	0.682	0.27	134.55	154.4	148.55
7	常庄水库	82.5	0.174	0.091	118.93	124.5	130
8	盘石头水库	1915	6.08	2.86	207	248	254

1）兰营水库

兰营水库位于南阳市城区的西北部，距市中心 6km，处于长江流域白河水系。水库控制的流域面积约 37km²，总库容 0.1246 亿 m³，是一座以防洪、灌溉为主，兼顾旅游、水产养殖等综合利用的中型水库，工程等级为 Ⅲ 等。水库死库容 20 万 m³，相应死水位 128.50m；正常蓄水位 144.45m，兴利库容 455 万 m³，汛限水位 144.45m。从供水对象来看，兰营水库只是城市应急备用水源，不具有常年供水、灌溉任务。

2）鸭河口水库

鸭河口水库位于南水北调中线总干渠西侧约 19.9km，坝址位于南召县东抬头村附近，在长江流域汉江支流唐白河水系白河上游。鸭河口水库控制的流域面积约 3030km²，总库容 13.39 亿 m³，1000 年一遇设计洪水位 179.84m，10 000 年一遇校核洪水位 181.50m，水库死库容 0.7 亿 m³，相应死水位 160m；正常蓄水位 177m，兴利库容 7.62 亿 m³，汛限水位 175.7m。鸭河口水库可以由两条输水渠道与中线总干渠相连，一条为通过白河连接白桐干渠与中线总干渠相连，另一条为利用鸭东干渠和鸭东三分干渠与中线总干渠相连。

鸭河口水库的供水目标包括农业灌溉和城市供水，其中农业灌溉：鸭河口水库设计灌溉面积 210 万亩①，农业灌溉保证率 75%，多年平均综合净灌溉定额为 206m³/亩，多年平均用水量 68 524 万 m³。城市供水：电力工业、城市工业及居民生活等各部门需水量 7000 万 m³，鸭河口火电厂年用水量 3500 万 m³，南阳市年用水量 3500 万 m³。

3）燕山水库

燕山水库位于南水北调中线工程总干渠右岸约 8.6km，坝址位于平顶山市叶县杨湾村，在沙颍河主要支流淮河流域沙颍河主要支流澧河上游甘江河上。燕山水库流域控制面积 1169km²，总库容 9.25 亿 m³，是一座以防洪为主，结合供水、灌溉，兼顾发电等综合利用的大（Ⅱ）型水利工程。500 年一遇设计洪水位为 114.6m，5000 年一遇校核洪水位为 116.4m。水库死水位 95m，相应死库容 0.2 亿 m³，正常蓄水位 106m，兴利库容 2.0 亿 m³；汛限水位 104.2m。燕山水库水可以经泵站加压通过输水管道流至稳水池，然后由 3 根 DN1200 出水管流入南水北调中线总干渠。

燕山水库承担农业灌溉和城市供水任务，其中农业灌溉：燕山水库设计灌溉面积 17 万亩，其中叶县约 10 万亩，供水量 2800 万 m³，舞阳县约 7 万亩，供水量 1900 万 m³，多年平均用水量 4700 万 m³；城市供水：向漯河市生活及工业供水量为 8000 万 m³/a，每旬供水 222.2 万 m³。

4）白龟山水库

白龟山水库位于南水北调总干渠右岸约 9km，坝址位于平顶山市西南郊庙后村，在淮河流域沙颍河水系沙河干流，其与上游 51km 的昭平台水库形成梯级水库。100 年一遇设计洪水位 106.19m，2000 年一遇校核洪水位 109.56m，水库死水位 97.5m，相应死库容 0.75 亿 m³，正常蓄水位 103m，兴利库容 2.46 亿 m³；汛限水位 102m。白龟山水库承担农业灌溉和城市供水任务，其中农业灌溉：白龟山水库设计灌溉面积 50 万亩，多年平均实灌溉面积 25.33 万亩，农业灌溉保证率 75%，白龟山灌区 75% 条件下综合净灌溉定额 187m³/亩，多年平均用水量 9308 万 m³；城市供水：平顶山市生活及工业需水量 12 899 万 m³。

---

① 1 亩 ≈ 666.67m²。

5）昭平台水库

昭平台水库位于南水北调中线工程总干渠左岸约 15.7km，水库控制流域面积 1430km²，是以防洪、灌溉为主，兼顾发电、生活供水、工业供水等综合利用的大（Ⅱ）型水利工程。水库总库容 6.85 亿 m³，死水位 159m，死库容 0.36 亿 m³；正常蓄水位 169m，兴利库容 2.32 亿 m³；汛限水位 167m。水库现有条件下可以通过已建成的南、北干渠与中线总干渠相连。昭平台水库承担着农业灌溉、城市供水等任务，其中农业灌溉：昭平台水库设计灌溉面积 100 万亩，多年平均实灌面积 69.5 万亩，农业灌溉保证率 75%，昭平台灌区 75% 条件下综合净灌溉定额 177m³/亩，多年平均用水量 6623 万 m³；城市供水：平顶山市生活及工业总需水量 6090 万 m³。

6）尖岗水库

尖岗水库位于郑州市二七区侯寨乡尖岗村，在淮河流域贾鲁河干流上游。水库总库容 6820 万 m³，水库死库容 240 万 m³，相应死水位 134.55m，兴利库容 2700 万 m³，正常蓄水位 148.55m，汛限水位 154.4m。水库主要供应农业灌溉，其中设计灌溉面积 4.3 万亩。对于城市供水，尖岗水库只是城市应急备用水源，不具有常年供水任务。目前，还没有明确的供水规划。尖岗水库原设计兴利库容 4974 万 m³，现在每年可一次性供水 1500 万 m³，保证率 100%。

7）常庄水库

常庄水库坝址位于郑州市西南中原区须水镇王垌村东，在淮河流域沙颍河水系的贾鲁河支流贾峪河下游。水库总库容 1740 万 m³，校核洪水位 135.34m，死水位 118.93m，相应死库容 54 万 m³，正常蓄水位 130m，兴利库容 0.091 亿 m³，汛限水位 124.5m。水库无农业灌溉供水任务，只是作为城市应急备用水源，不具有常年供水任务。

8）盘石头水库

盘石头水库位于南水北调中线总干渠左岸约 30km 处，坝址位于鹤壁市盘石头村，在卫河支流淇河上游。盘石头水库可控制流域面积 1915km²，总库容 6.08 亿 m³，100 年一遇设计洪水位 270.7m，2000 年一遇校核洪水位 275.0m，水库死水位 207m，相应死库容 2025 万 m³；正常蓄水位 254m，兴利库容 2.825 亿 m³；汛限水位 248m。盘石头水库可利用淇河和现有民主干渠输水至总干渠，输水线路总长度约为 37.1km。

盘石头水库供水任务包括农业灌溉和城市供水，其中农业灌溉：盘石头水库设计灌溉面积 50 万亩，多年平均年灌溉水量 12 750 万 m³；城市供水：鹤壁市区工业需水量为 5576 万 m³，其中电力工业 2442 万 m³，其他工业 2040 万 m³，乡镇企业 1094 万 m³；另外，生活用水为 4810 万 m³，商品菜地需水 3114 万 m³，总需水量为 13 500 万 m³。

3. 河北省的沿线调蓄水库情况

河北省段总干渠沿线具备向总干渠应急补水条件的水库一共有 13 座，分别是岳城水库、东武仕水库、朱庄水库、临城水库、岗南水库、黄壁庄水库、横山岭水库、口头水库、王快水库、西大洋水库、龙门水库、瀑河水库和安各庄水库。按照上述条件，河北省选择 8 座调蓄水库，分别为岳城水库、黄壁庄水库、王快水库、西大洋水库、东武仕水库、朱庄水库、安各庄水库和岗南水库。

根据收集的水库水文站或水库坝址附近水文站实测入库径流序列，采用 P-Ⅲ 频率曲线计算各水库不同频率实际入库径流见表 6-12。

表 6-12 河北省境内 8 座调蓄水库水文年入库径流计算成果

序号	水库	参数			入库径流/亿 m³		
		均值/亿 m³	C_v	C_s/C_v	50% 保证率	75% 保证率	90% 保证率
1	岳城水库	3.62	0.76	2.0	2.62	1.22	0.61
2	东武仕水库	1.89	0.36	3.0	1.72	1.31	1.05
3	朱庄水库	2.30	0.71	2.0	1.2	0.55	0.46
4	岗南水库	5.05	0.63	3.0	3.66	2.38	1.94
5	安各庄水库	1.34	0.86	2.0	1.02	0.50	0.24
6	西大洋水库	2.41	0.72	2.0	2.06	1.15	0.57
7	王快水库	4.49	0.74	2.5	3.09	1.55	0.95
8	黄壁庄水库	6.29	0.52	3.0	4.94	3.32	2.64

河北省境内 8 座调蓄水库的基本情况见表 6-13。

表 6-13 河北省境内 8 座调蓄水库的基本情况

序号	水库名称	流域面积 /km²	库容 /亿 m³	兴利库容 /亿 m³	死水位 /m	汛限水位 /m	正常蓄水位 /m
1	岳城水库	18 100	13	6.73	125	134	148.5
2	东武仕水库	340	1.615	1.445	94.5	104	109.68
3	朱庄水库	1 220	4.162	2.285	220	242	251
4	岗南水库	15 900	17.04	7.8	180	190	200
5	安各庄水库	476	3.09	1.4	143.5	154	160
6	西大洋水库	4 420	12.58	5.15	120	134.5	140.5
7	王快水库	3 770	13.89	5.91	178	193	200.4
8	黄壁庄水库	23 400	12.1	4.64	111.5	114	120

1）岳城水库

岳城水库是海河流域漳河上的一个大（Ⅰ）型控制工程，控制流域面积 18 100km²，位于中线总干渠西侧约 11km。岳城水库的任务是防洪、灌溉、城市供水并结合发电，总库容 13 亿 m³，兴利库容 6.73 亿 m³，死库容 0.387 亿 m³。岳城水库下游灌溉渠道有河北省境内的民有渠和河南省的漳南渠，利用民有北干渠，可以将岳城水库与中线总干渠相连，输水渠道长度约为 11km，设计引水流量可达 40m³/s。

2）黄壁庄水库

黄壁庄水库位于石家庄市黄壁庄镇附近，是一座以防洪为主，兼顾城市供水、灌溉、发电等综合利用的大（Ⅰ）型水利枢纽，控制流域面积 23 400km²，在总干渠西侧约 20km 处。水库总库容 12.1 亿 m³，兴利库容 4.64 亿 m³，死库容 0.7 亿 m³。黄壁庄水库与中线总干渠的连通工程已经建成，输水渠道利用石津干渠，渠道长约 18km，连通工程设计流量 25m³/s。

3）王快水库

王快水库位于保定市郑家庄附近，是一座以防洪为主，结合灌溉、发电等综合利用的大（Ⅰ）型水利枢纽工程，控制流域面积 3770km²，在总干渠西侧约 33km 处。水库总库容 13.89 亿 m³，兴利库容 5.91 亿 m³，死库容 1.09 亿 m³。王快水库与中线总干渠的连通工程已经建成，输水渠道利用沙河干渠，沙河干渠渠道长约 33km，连通工程设计流量 20m³/s。

4）西大洋水库

西大洋水库位于保定市西大洋村附近，是一座以防洪为主，兼顾城市供水、灌溉、发电等综合利用的大（Ⅰ）型水利枢纽，控制流域面积 4420km²。水库总库容 12.58 亿 m³，兴利库容 5.15 亿 m³，死库容 0.799 亿 m³。西大洋水库与中线总干渠的连通工程已经建成，输水渠道利用唐河干渠，唐河干渠渠道长约 19km，连通工程设计流量 20m³/s。

5）东武仕水库

东武仕水库位于邯郸市东武仕村附近，是一座以防洪和工业供水为主，兼顾灌溉、发电等综合利用的大（Ⅱ）型水利枢纽，控制流域面积 340km²，在总干渠西侧 2km 处。水库总库容 1.615 亿 m³，兴利库容 1.445 亿 m³，死库容 0.09 亿 m³。

6）朱庄水库

朱庄水库位于邢台市朱庄村附近，是一座以防洪和灌溉为主、发电为辅的综合利用的大（Ⅱ）型水利枢纽，控制流域面积 1220km²，在总干渠西侧 22km 处。水库总库容 4.162 亿 m³，兴利库容 2.285 亿 m³，死库容 0.343 亿 m³。朱庄水库与中线总干渠可以利用的输水渠道为朱庄南干渠—赞善支渠，输水渠道段长约 46km，朱庄南干渠设计流量 5.5m³/s，赞善支渠设计流量 0.4m³/s。

7）安各庄水库

安各庄水库位于保定市安各庄村附近，是一座以防洪、灌溉为主综合利用的大（Ⅱ）型水利枢纽工程，控制流域面积 476km²，在总干渠西侧约 25km。水库总库容 3.09 亿 m³，兴利库容 1.4 亿 m³，死库容 0.407 亿 m³。安各庄水库与中线总干渠的连通工程已经建成，输水渠道利用易水—五一总干渠，南水北调中线总干渠以上五一总干渠段长约 10km，连通工程设计流量 7m³/s。

8）岗南水库

岗南水库位于石家庄市岗南镇附近，是一座以防洪、灌溉、供水为主，结合发电的大（Ⅰ）型水利枢纽工程，控制流域面积 15 900km²。水库总库容 17.04 亿 m³，兴利库容 7.80 亿 m³，死库容 3.41 亿 m³。

6.5.2 丹江口水库–中线工程沿线调蓄水库联合调度模型构建

1. 目标函数

为了研究中线工程沿线调蓄水库的调蓄能力，构建了丹江口水库–总干渠–调蓄水库联合调度模型。南水北调水经陶岔渠首进入受水区各省（直辖市）之后，利用中线总干渠沿线在线调节水库对干渠来水进行调蓄，调度目标是使得进入京津冀（出河南境）的流量最大，所选择的目标函数为

$$\text{ob}: \sum_{t=1}^{36} \max V_{b,t} \tag{6-20}$$

式中，$V_{b,t}$ 为 t 时段经分水口门 b 分水之后的干渠流量；b 为分水口门编号。

2. 约束条件

约束条件主要包括水库水位、分水口门过流能力、干渠过流能力、引水渠过流能力、渠道输水损失以及水量平衡等方面。

1）水库水位约束

$$V_{i,\min} < V_{i,t} < V_{i,\max} \quad i = 1, 2, \cdots, 8 \tag{6-21}$$

沿线水库在参与总干渠供水调节过程中要满足本水库的水位约束，水文年年内水库水位需保持在死水位之上；在汛期，水位上限为水库的防洪限制水位；在非汛期，需要比较防洪限制水位与正常蓄水位，若正常蓄水位高于防洪限制水位，则在向总干渠充水的过程中，为了不损害当地的供水效益，只调用防洪限制水位以上的库容，若正常蓄水位低于防洪限制水位，则只调用正常蓄水位以上的库容。

2）分水口门过流能力限制

$$V_{b,f,t} \leq V_{b,f,\max} \qquad b=1,2,\cdots,42 \tag{6-22}$$

式中，分水口门的分水流量 $V_{b,f,t}$ 须小于各个分水口门的最大分水流量 $V_{b,f,\max}$。

3）干渠过流能力限制

$$V_{b,t} \leq V_{b,\max} \qquad b=1,2,\cdots,42 \tag{6-23}$$

式中，$V_{b,\max}$ 为分水口门 b 分水之后干渠的最大过流能力。

4）引水渠过流能力限制

$$V_{i,t} \leq V_{i,\max} \qquad i=1,2,\cdots,8 \tag{6-24}$$

式中，$V_{i,t}$ 为 t 时段第 i 个水库向中线总干渠的输水流量；$V_{i,\max}$ 为第 i 个水库与总干渠连接工程的最大过流能力。

5）渠道输水损失

总干渠输水损失系数（$Q_{损}$）采用式（6-25）计算（仲志余等，2018）：

$$Q_{损} = 1-0.999860051^{L} \tag{6-25}$$

式中，L 为分水口门至陶岔渠首的距离。

6）水量平衡约束

$$V_{b+1,t} = V_{b,t} - Q_{损,b} + V_{i,t} \tag{6-26}$$

式中，$Q_{损,b}$ 为分水口门 b 至 $b+1$ 的输水损失；$V_{i,t}$ 为沿线水库与干渠的输水流量（若水库向干渠充水则为正，若干渠向水库充水则为负）。

6.5.3 河南省沿线水库参与调蓄

南水北调中线工程渠首设计流量 $350\text{m}^3/\text{s}$，加大流量 $420\text{m}^3/\text{s}$，出河南境的设计流量 $235\text{m}^3/\text{s}$，加大流量 $265\text{m}^3/\text{s}$，全长 731km，设有分水口门 42 座，向河南省受水城市的 85 座水厂进行供水，分水口门设计流量合计 $181\text{m}^3/\text{s}$。

1. 河南省沿线水库的连通方案

在河南省所选的 8 座调蓄水库中，通过现有工程能与中线工程干渠连通的水库一共有5 座，分别是鸭河口水库、盘石头水库、昭平台水库、白龟山水库和燕山水库。

1）鸭河口水库

鸭河口水库大坝距离南水北调总干渠直线距离 19.9km，鸭河口灌区白桐干渠、东干渠三分干渠与南水北调存在渠渠交叉，均为灌溉渠道下穿南水北调干渠。鸭河口水库向南水北调干渠应急供水的方案如下。

方案一：通过节制闸和进水闸，水流进入白桐干渠自流至白桐干渠与总干渠交叉处，通过泵站提水至南水北调总干渠。此路线需要新建节制闸 1 座、泵站 1 座，线路总长 22.6km，利用白河河道输水 17.8km，利用白桐干渠 4.8km。

方案二：通过鸭东干渠到二、三分干渠进口，由三分干渠至与南水北调总干渠交汇处，新建控制闸自流进入总干渠。规划线路总长 33.5km，其中利用鸭东干渠输水 27.8km，三分干渠 5.7km，需新建泵站 1 座，节制闸 1 座。根据鸭河口水库可供水量与现有渠道规模分析，鸭河口水库与总干渠连通工程向南水北调总干渠供水流量可以按 14.5m³/s 设计。

2）盘石头水库

盘石头水库与总干渠联通属于已有工程，其中输水洞 2 号支洞最大设计流量为 21.38m³/s，民主干渠设计流量 6.5m³/s，引水支渠设计流量 5m³/s。盘石头水库应在保证总干渠安全，水位衔接顺畅，并尽可能实现自流供水的条件下尽量利用现有干渠。该引水路线总长 37.1km，其中淇河段长 26km，民主干渠长 9.6km，支渠长 1.5km。

3）昭平台水库

昭平台水库有两条灌溉干渠，分别为南干渠和北干渠，北干渠与南水北调总干渠交叉设有渡槽 1 座，南干渠则沿沙河右岸向下游至南水北调总干渠向东南沿总干渠左岸走向，最近处距离总干渠约 100m。现有条件下有两个向总干渠供水的方案。

方案一：利用水库北干渠向南水北调总干渠供水，需新建北干渠节制闸 1 座，连接渠进水闸 1 座，该线路利用昭平台水库北干渠长度约为 22.8km，自流的连接渠长度约 660m，设计引水流量与北干渠设计流量相同，为 30m³/s。

方案二：利用水库南干渠向南水北调总干渠供水，需新建南干渠节制闸 1 座，连接渠进水闸 1 座，此路线利用水库南干渠长度约为 22.7km，自流至南水北调总干渠的连接渠长度为 610m，设计引水流量与南干渠设计流量相同，为 35m³/s。

4）白龟山水库

白龟山水利枢纽工程包括：拦河坝、泄洪坝、泄洪闸、北干渠渠首闸和南干渠渠首闸。自水库南干渠渠首闸西侧 1km 处，可以通过新建提水泵站通过管道向西南进入总干渠，线路总长为 9km；自水库南干渠渠首闸及闸后渠道，在渠道 7km 处右岸新建提水泵站通过管道进入总干渠，线路长度 8km，根据白龟山水库可供水量与南干渠现有规模渠道分析，白龟山水库向南水北调总干渠供水流量为 10m³/s。

5）燕山水库

燕山水库位于南水北调总干渠右岸，总干渠位于水库上游，水库现有一条向总干渠的输水管线，可以通过泵站后接压力管道至南水北调总干渠，在必要时向总干渠输水。已有输水管道设计流量 3.5m³/s，并且已经具备了向总干渠输水的条件。

2. 模型的计算结果

在不修建连通工程情况下，河南省境内的 5 座调蓄水库可以直接向中线总干渠输水。假设只利用这 5 座调蓄水库作为中线总干渠的调蓄水库，基于 2006～2015 年南水北调中线工程可调水量研究的计算结果和丹江口水库-总干渠-调蓄水库联合调度模型计算得到各座水库能向中线总干渠的补水量见表 6-14。

表 6-14　已有连通工程水库充渠水量

调度年	鸭河口水库 /亿 m³	燕山水库 /亿 m³	白龟山水库 /亿 m³	昭平台水库 /亿 m³	盘石头水库 /亿 m³	合计 /亿 m³
2006～2007	0.200	0.419	0.153	0.438	0.376	1.586
2007～2008	1.027	0.104	1.248	0.499	0.376	3.254
2008～2009	0.000	0.162	0.872	0.830	0.540	2.404
2009～2010	1.058	0.235	1.918	0.337	0.172	3.720
2010～2011	0.912	0.073	0.881	0.299	0.251	2.416
2011～2013	0.579	0.174	2.195	0.244	0.007	3.199
2012～2013	0.000	0.000	0.893	0.611	0.000	1.504
2013～2014	0.000	0.000	0.547	1.287	0.000	1.834
2014～2015	0.000	0.030	0.892	1.031	0.000	1.953
均值	0.420	0.133	1.067	0.620	0.191	2.431

由表 6-14 可知，2006～2015 调度年，利用现有的渠道条件，在不加修连通工程的条件下，河南 5 座调蓄水库多年平均能向中线干渠输水 2.431 亿 m³。

若修建连通工程后，将无连通工程的调蓄水库与总干渠连接，假设利用全部 8 座水库作为中线总干渠的调蓄水库，基于 2007～2015 年南水北调中线工程可调水量研究的计算结果和丹江口水库-总干渠-调蓄水库联合调度模型计算得到各个水库能向中线总干渠的补水量，计算结果见表 6-15。

表 6-15　河南省调蓄水库充渠水量

调度年	兰营水库 /亿 m³	鸭河口水库 /亿 m³	燕山水库 /亿 m³	白龟山水库 /亿 m³	昭平台水库 /亿 m³	尖岗水库 /亿 m³	常庄水库 /亿 m³	盘石头水库 /亿 m³	合计 /亿 m³
2006～2007	0.082	0.198	0.419	0.150	0.438	0.023	0.063	0.376	1.749
2007～2008	0.095	1.027	0.104	1.248	0.499	0.008	0.053	0.376	3.410
2008～2009	0.095	0.000	0.162	0.872	0.830	0.017	0.044	0.540	2.560

续表

调度年	兰营水库 /亿 m³	鸭河口水库 /亿 m³	燕山水库 /亿 m³	白龟山水库 /亿 m³	昭平台水库 /亿 m³	尖岗水库 /亿 m³	常庄水库 /亿 m³	盘石头水库 /亿 m³	合计 /亿 m³
2009~2010	0.170	1.132	0.235	1.918	0.227	0.022	0.047	0.152	3.903
2010~2011	0.281	0.936	0.073	0.881	0.236	0.060	0.055	0.251	2.773
2011~2012	0.365	0.6	0.174	2.195	0.244	0.233	0.224	0.125	4.160
2012~2013	0.020	0.000	0.000	0.924	0.471	0.046	0.069	0.000	1.530
2013~2014	0.115	0.000	0.000	0.547	1.167	0.011	0.066	0.000	1.906
2014~2015	0.029	0.000	0.030	0.927	1.106	0.089	0.088	0.000	2.269
均值	0.139	0.433	0.133	1.074	0.580	0.057	0.079	0.202	2.697

由表 6-15 可知,若加修连通工程,将调蓄水库增加到 8 座,多年平均可向中线总干渠输水 2.697 亿 m³,其中 2011 年充渠水量最大,达到了 4.160 亿 m³,2012 年充渠水量最小,仅为 1.530 亿 m³。2011 年充渠量最大的原因是鸭河口水库和白龟山水库同时达到丰水年,白龟山水库 2010 年入库水量达到了 22 亿 m³,是自 1980 年以来的最大入库水量;鸭河口水库也在 2010 年达到了近 36 年来来水的峰值,同时因为这两座水库的蓄水量较大,减少了在来水较多时的弃水,能充分利用水库库容与中线总干渠的连接工程的过流能力向总干渠输水。

从向总干渠充水的年均值来看,白龟山水库和昭平水库的作用最大,鸭河口水库次之,兰营水库、常庄水库、尖岗水库因为库容较小,所以充渠的水量十分有限。盘石头水库因为供水任务较重,需水对象的农业灌溉和城市生活年均总需水量超过 2.5 亿 m³,近 10 年也未出现极丰水年,所以尽管库容较大,充渠水量仍然不多;燕山水库在 2010~2012 年连续出现了三年丰水年,但因为其来水集中在 6~8 月的汛期,加上与总干渠的连通工程过流限制,设计过流能力仅为 3.5m³/s,因此燕山水库充渠水量也有限。

6.5.4 河北省沿线水库参与调蓄

对于京津冀地区,河北省水库蓄水属于京津冀区域内的水资源,与河南省沿线水库向总干渠输水的作用不同,河北省水库向中线工程的输水不会增加区域的水资源总量。本研究河北省水库与中线总干渠连通,主要分析其对于中线一期工程调水的调蓄能力,本地水与外调水联合应用,提高水资源的利用效率。

1. 外调水与当地水的联合调度

丹江口水库来水量在年内分配不均,所以年内各旬的北调水量会出现较大差异,而对于用水户，除农业用水之外，其他各类用水在年内各时段变化不大。在丹江口水库北调水量较大，而河南省用水量小的情况下可能会出现在满足河北省各个分水口的需水量之后，中线总干渠仍有富余供水能力。这种条件下，沿线调节水库可以作为中线工程在各时段分配不均的调节工具，将干渠中的水引入水库中暂时存蓄，避免为了减小干渠流量而在满足分水口门分水量的条件下提高分水口门分水量；另外，若中线总干渠中的流量很小，无法满足分水口门用水需求时，可以在满足水库供水要求的条件下向总干渠输水，使得沿线水库成为水资源能在区域间调配的工具，并且可以减少水库在汛期的弃水。

2. 模型的计算结果

南水北调中线工程在京津冀地区共有分水口门 55 个（起始于 43 号口门）。将河北省已经与中线工程总干渠相连的岳城水库、黄壁庄水库、朱庄水库、西大洋水库、安各庄水库和王快水库 6 座水库及未修建连通工程的岗南水库和东武仕水库作为调蓄水库，采用丹江口水库-总干渠-调蓄水库联合调度模型，结合上述计算所得的丹江口水库各年北调水量，基于 2006～2015 调度年 6 座水库的出入库数据，研究河北省调蓄水库对中线一期工程调水的调蓄作用。

模拟计算 2006～2015 年河北省已有连通工程的调蓄水库对中线工程的调蓄作用，6 座水库都参与了调蓄过程，各座水库的充渠水量见表 6-16，中线总干渠充库水量见表 6-17。

表 6-16　河北省已有连通工程调蓄水库充渠水量

调度年	岳城水库/亿 m³	黄壁庄水库/亿 m³	王快水库/亿 m³	西大洋水库/亿 m³	朱庄水库/亿 m³	安各庄水库/亿 m³	合计/亿 m³
2006～2007	1.666	0.017	0.000	0.000	0.025	0.113	1.821
2007～2008	0.124	0.797	1.354	0.000	0.000	0.081	2.356
2008～2009	0.000	1.258	0.313	0.000	0.000	0.370	1.941
2009～2010	0.000	2.903	0.328	0.000	0.000	0.000	3.231
2010～2011	0.000	0.386	0.584	0.000	0.000	0.124	1.094
2011～2012	0.494	0.567	1.105	0.534	0.007	0.586	3.293
2012～2013	0.816	0.225	0.255	0.000	0.000	0.249	1.545
2013～2014	0.392	0.000	0.037	0.000	0.000	0.066	0.495
2014～2015	0.147	0.000	0.000	0.000	0.000	0.000	0.147
均值	0.404	0.684	0.442	0.059	0.004	0.177	1.770

表 6-17　中线总干渠充库水量

调度年	岳城水库 /亿 m³	黄壁庄水库 /亿 m³	王快水库 /亿 m³	西大洋水库 /亿 m³	朱庄水库 /亿 m³	安各庄水库 /亿 m³	合计 /亿 m³
2006~2007	0.199	0.000	0.000	1.187	0.219	0.000	1.605
2007~2008	0.121	0.000	0.000	0.000	0.317	0.000	0.438
2008~2009	0.208	0.000	0.088	1.034	0.376	0.569	2.275
2009~2010	0.182	0.000	0.044	0.517	0.564	0.284	1.591
2010~2011	0.102	0.000	0.000	0.000	0.289	0.000	0.391
2011~2012	0.098	0.000	0.000	0.000	0.365	0.047	0.510
2012~2013	0.016	0.000	0.000	0.000	0.111	0.000	0.127
2013~2014	0.392	0.000	0.037	0.000	0.000	0.066	0.495
2014~2015	0.024	0.000	0.000	0.000	0.116	0.042	0.182
均值	0.149	0.000	0.019	0.304	0.262	0.112	0.846

由表 6-16 可知，若利用河北省与中线干渠已有连通工程的水库进行水量调蓄，水库年均能向中线总干渠充水 1.770 亿 m³，同时可以利用中线工程向调蓄水库年均充水 0.846 亿 m³。其中，充渠水量最多的是黄壁庄水库，年均能达到 0.684 亿 m³，其次是岳城水库和王快水库，年均充渠水量都超过了 0.4 亿 m³，作用最小的是朱庄水库，因为其水库蓄水量较小，所以很难对中线工程起到调蓄作用。从干渠充库水量来看（表 6-17），朱庄水库和西大洋水库充库水量较大，都超过了 0.2 亿 m³，因为两个水库年均入库径流较小，而且岳城水库和黄壁庄水库向干渠供水，会造成干渠流量增加，受过流能力限制需要向调蓄水库充水，这实际上也是利用中线工程对河北省内水资源的一次调配。

综合表 6-16 和表 6-17 可知，充分利用河北省沿线水库的调蓄能力能向京津地区年平均多调水 0.924 亿 m³，同时可以起到合理调配河北省内水资源的作用。从调度年内来看，若第 1~第 25 旬丹江口水库的北调流量就达到了设计值，河南省若按现有的需求分水，会导致从总干渠河北省段开始接近甚至达到渠道的最大过流能力。通过总干渠向调蓄水库充水，提高水库水位，以补充干渠流量减小时向北的调水量。从而在 26 旬之后，若丹江口水库的北调水量减少，同时沿线水库处于高水位状态，此时通过沿线水库向干渠充水，充分发挥干渠的过流能力，同时也减少水库蓄水，避免产生弃水。按照水库与总干渠的连通工程向总干渠充水，不仅避免了水库来水增加而造成的弃水，同时将前期总干渠的充库水量释放出来，避免了丹江口水库北调水量减少造成的京津地区时段调水量的突变，尽可能保证了总干渠过流在年内的均匀性。

模拟计算 2006~2015 年河北省 8 座调蓄水库对中线工程的调蓄作用，各座水库的充渠水量见表 6-18，中线工程总干渠充渠水量见表 6-19。

表6-18　河北省全部调蓄水库充渠水量　　　　　　　　　（单位：亿 m³）

调年度	岳城水库	黄壁庄水库	王快水库	西大洋水库	朱庄水库	安各庄水库	东武仕水库	岗南水库	合计
2006~2007	1.666	0.017	0.000	0.000	0.025	0.113	0.000	0.000	1.821
2007~2008	0.124	0.797	1.354	0.000	0.000	0.081	0.000	0.000	2.356
2008~2009	0.000	1.258	0.313	0.000	0.000	0.370	0.000	0.000	1.941
2009~2010	0.000	2.903	0.328	0.000	0.000	0.000	0.605	0.000	3.836
2010~2011	0.000	0.386	0.584	0.000	0.000	0.124	0.000	0.000	1.094
2011~2012	0.494	0.567	1.105	0.534	0.007	0.586	0.000	0.000	3.293
2012~2013	0.816	0.225	0.255	0.000	0.000	0.249	0.000	0.000	1.545
2013~2014	0.392	0.000	0.037	0.000	0.000	0.066	0.000	0.000	0.495
2014~2015	0.147	0.000	0.000	0.000	0.000	0.000	0.000	0.000	0.147
均值	0.404	0.684	0.442	0.059	0.004	0.177	0.067	0.000	1.837

表6-19　中线总干渠充库水量　　　　　　　　　（单位：亿 m³）

调年度	岳城水库	黄壁庄水库	王快水库	西大洋水库	朱庄水库	安各庄水库	东武仕水库	岗南水库	合计
2006~2007	0.199	0.000	0.000	1.187	0.219	0.000	0.000	0.022	1.627
2007~2008	0.121	0.000	0.000	0.000	0.317	0.000	0.000	0.406	0.844
2008~2009	0.208	0.000	0.088	1.034	0.376	0.569	0.000	0.528	2.803
2009~2010	0.182	0.000	0.044	0.517	0.564	0.284	0.000	0.529	2.120
2010~2011	0.102	0.000	0.000	0.000	0.289	0.000	0.000	0.144	0.535
2011~2012	0.098	0.000	0.000	0.000	0.365	0.047	0.000	0.370	0.880
2012~2013	0.016	0.000	0.000	0.000	0.111	0.000	0.000	0.121	0.248
2013~2014	0.392	0.000	0.037	0.000	0.000	0.066	0.000	0.000	0.495
2014~2015	0.024	0.000	0.000	0.000	0.116	0.042	0.000	0.000	0.182
均值	0.149	0.000	0.019	0.304	0.262	0.112	0.000	0.236	1.082

　　从有无连通工程的调蓄水库对比来看，岗南水库和东武仕水库对中线工程的调蓄作用很小，因为东武仕水库蓄水量小，岗南水库的入库径流又难以满足其水库年调节的需求，所以东武仕水库能增加的年均充渠水量仅为 600 万 m³，而岗南则会利用干渠水量充库，增加水库可供水量。若河北省沿线所有水库均参与调蓄，能向京津地区增加的年均调水量为 0.755 亿 m³。

6.6 小 结

本章研究了丹江口水库在原始调度规则、限制下泄调度规则和基于对冲规则的优化调度条件下的北调水量。作为南水北调中线工程的供水水源工程，近些年来，由于气候变化和人类活动影响，丹江口水库入库径流下降，中线一期工程可调水量与设计阶段相比有所减少。单纯地依靠限制下泄对增加北调水量起不到显著效果，反而会增加弃水量。采用基于对冲理论的水库调度规则对丹江口水库进行优化调度，能有效增加陶岔渠首年均调水量2.6 亿 m^3。同时，对冲规则通过在前期抬高两条限制供水线，减少了水库降到 150m 死水位的频率，降低了水库达到 145m 极限死水位的风险。

通过对河南省 2006～2015 调度年沿线水库的研究表明，利用现有的渠道条件，不修建连通工程条件下，河南省 5 座调蓄水库多年平均能向中线干渠输水 2.43 亿 m^3；修建连接工程，将调蓄水库增加到 8 座，多年平均可向中线总干渠输水 2.70 亿 m^3。通过对河北省沿线水库的模型计算可知，河北省沿线水库的蓄水量对京津冀地区而言属于区域内水资源量，在不损坏水库供水区效益的条件下，若仅仅利用其非汛期超过兴利库容的蓄水量和汛期汛限水位以上的蓄水量，年均充渠水量约为 1.8 亿 m^3，调蓄水量不大主要有两点原因：一是河北省沿线水库汛末水位不高，出现在汛期弃水的情况很少；二是河北省沿线水库库容较大，而天然入库径流满足供水的情况下，水库就很难达到正常蓄水位和汛限水位。与此同时，因为库容较大，所以为应急供水尤其是京津地区的应急供水提供了条件。如果中线总干渠的流量较小，无法满足京津两地的用水需求，河北省沿线水库可以通过连通工程向干渠内充水，增加向京津两地的调水量。

|第7章| 外调水对北京当地供水格局的影响

南水北调中线工程实施后，中线水进入北京市后必然会改变当地的供用水的格局，为分析南水北调中线水进京后对北京市供水格局的影响，构建了有无外调水两种情景下的水资源优化配置模型，以 2000～2014 年北京市用水数据为基础，预测分析了 2015 年北京市有无外调水情景下的水资源配置，并与 2015 年实际情况进行对比。结果表明：外调水进京后，地下水使用量显著减少，从提供生活用水转向提供环境用水；地表水使用量相对减少最为明显，再生水对于外调水的敏感性最强，农业用水在再生水中占比显著增加（门宝辉等，2018b）。研究成果可以为外调水进京后的水资源高效利用提供依据。

北京市处于我国华北地区，气候干旱少雨，人均水资源约为 $100m^3$，低于全国平均水平（张瑞麟，2015）。近年来北京市环境用水增长最快，生活用水量缓慢增加，工业用水和农业用水逐渐下降，总体用水量逐渐增加。为缓解北方城市用水紧张局面，国家启动了南水北调工程，从汉江的丹江口水库调水进京，使得北京市供水水源由地表水、地下水、再生水三类转变为地表水、地下水、再生水和外调水四类。进入 21 世纪以来，随着节水技术的发展和人们节水意识的增强，再生水成为水资源供应的一部分，所占比例不断增加，并且北京市水资源供应结构还将持续发生变化（潘莉，2016）。在国家南水北调工程实施的背景下，南水北调中线水进京必然会对受水区原有水资源的功能产生影响（张晓烨等，2012）。为此，本章通过构建有无外调水两种情景下的水资源优化配置模型，以南水北调中线水进入北京市的第一个完整年 2015 年为例，利用 2000～2014 年的水资源数据分别对两种情况下 2015 年不同用户的用水量和不同水源消耗情况进行预测分析，并与 2015 年实际条件下的优化配置方案进行对比，以探讨外调水进京对当地水资源原有水功能的影响。

7.1 数据资料与研究方法

7.1.1 数据资料

数据资料主要包括社会经济发展的数据和水资源方面的数据，其中社会经济发展资料来源于《北京统计年鉴》（2000~2014 年），主要采用人口、工业产值、农业灌溉面积等相关数据，水资源方面的资料来源于《北京市水资源公报》（2000~2014 年），主要采用生活用水，工业用水、农业用水及环境用水四种。

7.1.2 研究方法

为了进行供需水量预测，本章采用的研究方法主要有非线性回归分析法、定额预测法以及灰色预测法中的 GM(1，1) 残差模型和改进的 GM(1，1) 模型等。

1. GM(1，1) 模型

GM(1，1) 模型是基于灰色系统理论的一种针对少数据、贫信息等不确定性问题的预测方法，在贫信息、小样本的非线性系统建模中具有明显的优势，适合对信息不完全、时间序列较短时的数据进行预测。GM(1，1) 模型由一个单变量的一阶微分方程构成，其建模过程如下。

设原始数据列 $X(0)=(x^{(0)}(1)，x^{(0)}(2)，\cdots，x^{(0)}(n))$，作一次累加生成序列为

$$X(1)=(x^{(1)}(1)，\quad x^{(1)}(2)，\cdots，x^{(1)}(n)) \tag{7-1}$$

其中

$$x^{(1)}(k)=\sum_{i=1}^{k}x^{(0)}(i)，\quad k=1,2,\cdots,n \tag{7-2}$$

对累加生成序列［式 (7-1)］做均值处理为

$$z^{(1)}(k)=\frac{1}{2}(x^{(1)}(k)+x^{(1)}(k-1))，\quad k=2,3,\cdots,n \tag{7-3}$$

假定 $X(1)$ 具有近似指数变化规律的序列，则白化方程为

$$\frac{\mathrm{d}x^{(1)}(t)}{\mathrm{d}t}+ax^{(1)}(t)=b \tag{7-4}$$

将式 (7-4) 离散化，微分变差分，得到 GM(1，1) 灰微分方程为

$$x^{(0)}(k)+az^{(1)}(k)=b \tag{7-5}$$

式中，a 为发展系数；b 为灰色作用量。两者均为待定参数。

设参数 a、b 组成待定参数向量 $\boldsymbol{a}=\begin{pmatrix}a\\b\end{pmatrix}$，采用最小二乘法求解：

$$a=(\boldsymbol{B}^{\mathrm{T}}B)^{-1}\boldsymbol{B}^{\mathrm{T}}\boldsymbol{Y} \tag{7-6}$$

其中

$$B = \begin{bmatrix} -\dfrac{\left[x^{(1)}(1)+x^{(1)}(2)\right]}{2} & 1 \\ -\dfrac{\left[x^{(1)}(2)+x^{(1)}(3)\right]}{2} & 1 \\ \vdots & \vdots \\ -\dfrac{\left[x^{(1)}(n-1)+x^{(1)}(n)\right]}{2} & 1 \end{bmatrix}, Y = \begin{bmatrix} X^{(0)}(2) \\ X^{(0)}(3) \\ \vdots \\ X^{(0)}(n) \end{bmatrix} \tag{7-7}$$

式中，B 为数据矩阵；Y 为数据向量。

确定参数 a、b 后，运用微分理论即可得到微分方程 [式（7-4）] 的通解为

$$\hat{x}^{(1)}(k) = ce^{-ak} + \frac{a}{b} \tag{7-8}$$

式中，c 为积分常数。在传统 GM（1，1）模型中，一般假定最小二乘拟合的曲线通过第一点。

$$c = x^{(0)}(1) - \frac{b}{a} \tag{7-9}$$

将式（7-9）代入式（7-8）后可以得到式（7-4）的通解为

$$\hat{x}^{(1)}(k) = \left(x^{(0)}(1) - \frac{b}{a}\right)e^{-a(k-1)} + \frac{b}{a}, \quad k = 2,3,\cdots,n \tag{7-10}$$

然后再对 $\hat{x}^{(1)}(k)$ 进行累减还原，最终得出预测数值为

$$\hat{x}^{(0)}(k) = \hat{x}^{(1)}(k+1) - \hat{x}^{(1)}(k) = (1-e^{a})\left[x^{(1)}(1) - \frac{b}{a}\right]e^{-a(k-1)}, \quad k = 1,2,\cdots,n \tag{7-11}$$

从上述建模过程可知，传统 GM（1，1）模型作为灰色微分方程模型，实质上就是对原始数据序列进行指数拟合，因此是有偏差的指数模型。主要存在两方面的局限性：一是数据的离散程度越大，即数据灰度越大，则预测精度越差；二是不太适合于长期预测，时间越长其预测精度越差。

2. 改进的 GM（1，1）模型

针对 GM（1，1）模型存在的问题，诸多学者提出了该模型的改进方法（胡泽华，2016；党耀国等，2005；董奋义和田军，2007；袁德宝等，2013；李俊峰和戴文战，2004；罗佑新，2010）。这些改进主要可以分为四类：①对原始序列进行变换，增加离散数据光滑度；②对模型的背景值 $Z^{(1)}(k)$ 进行改进；③对模型的初始条件进行改进，用另外的初始条件来确定解积分常数 c；④改进模型的结构方式，提出基于 GM（1，1）模型的新的模型。

本研究在参考有关 GM（1，1）模型改进的文献基础上，把改进背景值和改进初始条件这两类改进方法同时运用，采用一种增加扰动因素 β 来修正初值 $x^{(1)}(n)$ 的方法为优

化初始条件，以 $\mu=0$ 不断开始寻找最优权重来优化背景值，进而建立一种新的综合改进的 GM（1，1）模型，以期能够更加准确地进行参数估计。

1）背景值优化

在传统 GM（1，1）模型中，背景值 $z^{(1)}(k)=\dfrac{1}{2}(x^{(1)}(k)+x^{(1)}(k-1))$，即权重 $\mu=0.5$，但从理论上无法说明 $\mu=0.5$ 时模型的预测精度最高，因此本研究采用自动寻优定权的方法确定使模型预测精度最高的 μ 值，即设 $z^{(1)}(k)=\mu x^{(1)}(k)+(1-\mu)x^{(1)}(k-1)$（$k=2$，$3$，$\cdots$，$n$，$\mu$ 为未知数）；此时式（7-4）中的 a，b 是与 μ 有关的参数，故式（7-7）变成了式（7-12）。

$$\boldsymbol{B}=\begin{bmatrix} -z^{(1)}(2) & 1 \\ -z^{(1)}(3) & 1 \\ \vdots & \vdots \\ -z^{(1)}(n) & 1 \end{bmatrix},\quad \boldsymbol{Y}=\begin{bmatrix} X^{(0)}(2) \\ X^{(0)}(3) \\ \vdots \\ X^{(0)}(n) \end{bmatrix} \tag{7-12}$$

对 $\hat{x}^{(1)}(k)$ 累减还原，可以得到 $\hat{x}^{(0)}(k)$，即

$$\hat{x}^{(0)}(k)=\hat{x}^{(1)}(k)-\hat{x}^{(1)}(k-1)=c\cdot(1-e^a)e^{-a(k-1)},\quad k=2,3,\cdots,n \tag{7-13}$$

2）初始值优化

为求解常数 c，先假定一个初始值，传统 GM（1，1）模型以 $x^{(0)}(1)$ 为初始条件，假定 $\hat{x}^{(1)}(1)=x^{(0)}(1)$，则有 $\hat{x}^{(1)}(1)=c+\dfrac{b}{a}=x^{(0)}(1)$，即此时 $c=x^{(0)}(1)-\dfrac{b}{a}$；可以看出传统 GM（1，1）模型初值选用原始数据序列的第一个数据值，认为第一个最开始的数据是最重要的，这与灰色系统理论的新信息优先原理相违背，显然不科学，因此近些年来有些学者提出了以最后一个数 $x^{(1)}(n)$ 为初始条件，则 GM（1，1）模型的时间响应序列为 $\hat{x}^{(1)}(k)\big|_{k=n}=ce^{-a(n-1)}+\dfrac{b}{a}=x^{(1)}(n)$，即 $c=x^{(1)}(n)-\dfrac{b}{a}$，则此时

$$\hat{x}^{(1)}(k)=\left(x^{(1)}(n)-\frac{b}{a}\right)e^{-a(k-n)}+\frac{b}{a},\quad k=1,2,\cdots,n \tag{7-14}$$

本研究在对原始 GM（1，1）模型的初始条件进行改进时，以 $x^{(1)}(n)$ 作为初始值，并且在此基础上增加扰动因素 β，以 $x^{(1)}(n)+\beta$ 作为模型的初始值，实现初始值优化；之所以增加扰动因素 β，是因为增加扰动因素可以大大弱化干扰因素，使得模型更为稳定，初始值改进过程如下所示。

将 $c=x^{(1)}(n)+\beta-\dfrac{b}{a}$ 该初值代入式（7-14）得

$$\hat{x}^{(1)}(k)=\left(x^{(1)}(n)+\beta-\frac{b}{a}\right)e^{-a(k-n)}+\frac{b}{a},\quad k=1,2,\cdots,n \tag{7-15}$$

采用最小二乘方法，建立一个无约束优化模型，求解 $\hat{x}^{(1)}(k)$ 和 $x^{(1)}(k)$ 误差平方和最

小，也就是求解优化问题：$\min S$，其中

$$S = \sum_{k=1}^{n} \left(\hat{x}^{(1)}(k) - x^{(1)}(k) \right)^2 = \sum_{k=1}^{n} \left(\left(x^{(1)}(n) + \beta - \frac{b}{a} \right) e^{-a(k-n)} + \frac{b}{a} - x^{(1)}(k) \right)^2$$

(7-16)

为了求出指标函数值最小时的待辨识参数 β，令 $\dfrac{\mathrm{d}S}{\mathrm{d}\beta} = 0$，可得

$$\beta = \frac{\sum_{k=1}^{n-11} \left[\left(x^{(1)}(n) - \frac{b}{a} \right) e^{-a(k-n)} + \frac{b}{a} - x^{(1)}(k) \right] e^{-a(k-n)}}{1 + \sum_{k=1}^{n-1} e^{-2a(k-n)}}$$

(7-17)

求出参数 β 后根据式（7-18）进行预测：

$$\hat{x}^{(1)}(k) = \left(x^{(1)}(n) + \beta - \frac{b}{a} \right) e^{-a(k-n)} + \frac{b}{a}, \quad k = 1, 2, \cdots, n$$

(7-18)

然后对 $\hat{x}^{(1)}(k)$ 累减还原，即可以得到 $\hat{x}^{(0)}(k)$，此时即为在 $z^{(1)}(k) = \mu x^{(1)}(k) + (1-\mu) x^{(1)}(k-1)(k=2,3,\cdots,n)$ 情况下的一般情况，改变背景值 $z^{(1)}(k)$，同时结合为扰动因素 β 修正初值法的综合改进的预测新模型。

7.2 供需水量预测

7.2.1 供水量预测

依据 2000 ~ 2014 年北京市水资源供水总量绘制 P-Ⅲ型曲线，以供水频率为 75% 时的供水量作为 2015 年北京市的总供水量，预测 2015 年北京市可供水总量为 40.66 亿 m^3。依据 2000 ~ 2014 年不同来源水资源的供给情况及不同水平年内的供应比例，采用改进的 GM（1，1）模型预测 2015 年北京市地表水、地下水、再生水和外调水的供水量分别为 4.81 亿 m^3、18.84 亿 m^3、7.01 亿 m^3、10 亿 m^3。

7.2.2 生活需水量预测

生活需水量采用日用水定额法进行预测，并将生活需水分为城镇居民生活需水和农村居民生活需水。

$$W_{\text{生活}_i} = 365 \times K_i \times P_i / 1000$$

(7-19)

式中，$W_{\text{生活}_i}$ 为第 i 个用户的生活需水量，亿 m^3，$i=1$、2，分别表示城镇、农村居民生活用水；K_i 为第 i 类用户的用水定额，$\mathrm{L}/(人 \cdot \mathrm{d})$；$P_i$ 为第 i 类用户的人口。

2015 年北京市城镇居民人口 1877.7 万人，农村居民人口 292.8 万人，根据《城市给水工程规范》《北京市节约用水规划的研究》，得出 2015 年北京市城镇居民用水指标为 240L/（人·d），农村居民生活用水指标为 135L/（人·d）。由式（7-19）计算得北京市 2015 年生活需水量为 17.89 亿 m^3，其中城镇居民需水量为 16.45 亿 m^3，农村居民需水量为 1.44 亿 m^3。

7.2.3　工业需水量预测

工业需水量预测采用回归预测分析法，建立工业用水量与工业产值之间的回归关系模型，利用线性回归的方法确定其回归系数。工业需水量与工业产值的非线性回归数学模型为

$$Q_g = a \times Z_g^b + c \tag{7-20}$$

式中，Q_g 为预测工业需水量，亿 m^3；Z_g 为预测工业产值，亿元；a、b 均为回归系数；c 为常数项。

根据北京市 2001～2014 年的工业用水量和工业产值，得到式（7-20）中的各项参数为 $a = -8.847$，$b = 0.1685$，$c = 42.67$，通过式（7-20）得到北京市 2015 年的工业需水量为 6.9 亿 m^3。

7.2.4　农业需水量预测

由于鱼塘补水、牲畜用水在北京市农业用水中占比很小，故本研究以灌溉需水代替农业需水。利用灌溉定额乘以灌溉面积的方法预测灌溉需水量，其预测公式为

$$W_{灌溉} = w \times A \tag{7-21}$$

式中，$W_{灌溉}$ 为用户的年灌溉需水量，亿 m^3；w 为灌溉用水定额，m^3/hm^2；A 为灌溉面积，hm^2。

根据北京市地方标准《农业灌溉用水定额》，取灌溉用水定额 $w = 8.046m^3/hm^2$，灌溉面积 $A = 23.2$ 万 hm^2，由此计算得到北京市 2015 年灌溉需水量为 4.2 亿 m^3。

7.2.5　环境需水量预测

环境需水量的预测采用灰色模型预测的方法，采用改进的 GM（1，1）模型［式（7-18）］，利用北京市 2000～2014 年的生态环境用水量对 2015 年的环境需水量进行预测，得到 2015 年北京市环境需水量为 11 亿 m^3。

7.3　水资源优化配置模型的构建及求解

7.3.1　优化配置模型建立

　　水资源优化配置模型的决策变量设定时分别考虑有、无外调水两种情况。在考虑外调水的条件下，将北京市水资源分为四类，分别为外调水资源、地表水资源、地下水资源和再生水资源，用水部门分为工业用水、生活用水、环境用水和农业用水。因为外调水资源水质较优，优先考虑供给生活用水，环境用水对水质要求较低，不考虑外调水对环境用水的供给，生活水中所用的再生水量较小，不考虑生活用水的回用，其决策变量设定情况见表7-1。

表 7-1　有外调水条件下决策变量

水资源类型	工业用水量	生活用水量	环境用水量	农业用水量
地表水资源	x_1	x_5	x_9	x_{13}
地下水资源	x_2	x_6	x_{10}	x_{14}
再生水资源	x_3	x_7	x_{11}	x_{15}
外调水资源	x_4	x_8	x_{12}	x_{16}

　　注：无外调水时的决策变量不考虑外调水资源。

　　（1）目标函数。以四类用水部门的综合用水效益最大为目标，综合考虑社会、经济的发展需求和环境保护的需要，确定不同用水部门的用水效益系数（张雪飞，2006）。目标函数为

$$\max F(X) = \max\left[f_1(x), f_2(x), f_3(x), f_4(x)\right]$$
$$\max f_1(x) = C_1 \times Q_1$$
$$\max f_2(x) = C_2 \times Q_2$$
$$\max f_3(x) = C_3 \times Q_3 \tag{7-22}$$
$$\max f_4(x) = C_4 \times Q_4$$

式中，x 为决策变量；$f_1(x)$ 为工业用水效益；$f_2(x)$ 为生活用水效益；$f_3(x)$ 为环境用水效益；$f_4(x)$ 为农业用水效益；C_1 为工业用水效益系数；C_2 为生活用水效益系数；C_3 为环境用水效益系数；C_4 为农业用水效益系数。

　　采用产值分摊的方法计算工业用水效益系数 C_1，公式为

$$C_1 = \alpha / W \tag{7-23}$$

式中，C_1 为工业用水效益系数；α 参照水利经济研究会的工业供水效益分摊系数确定，记为 11%；W 为万元工业产值耗水量。

由式（7-23）计算得北京市的工业用水效益系数为 $4.24 \times 10^{-3} \mathrm{m}^3/$ 万元。将生产函数理论（崔永伟和杜聪慧，2012）应用到用水量和用水效益的关系分析，以工业用水效益为基准，其他三类用水部门用水效益与用水量的关系见图 7-1。图 7-1 中表示用水效益与用水量的关系函数，确定不同用水部门的用水效益折算系数，以此确定不同用水部门的用水效益系数。

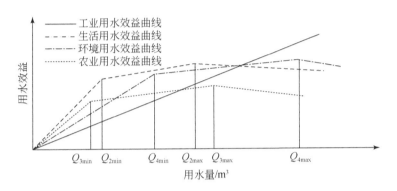

图 7-1　用水效益与用水量关系曲线

由图 7-1 可知，在现实条件下，北京市不可能使每一类供水量都达到 Q_{max}，因此需要在每一个目标的实现上寻找最好的一个结合点使得综合效益最大（郭盈盈，2016）。利用用水效益与用水量的关系曲线，得最终的目标函数为

$$\max F(X) = \max \left[f_1(x), f_2(x), f_3(x), f_4(x) \right]$$

$$\max f_1(x) = C_1 \times \sum_{i=1}^{4} x_{i1} = 4.24 \times (x_1 + x_2 + x_3 + x_4)$$

$$\max f_2(x) = C_2 \times \sum_{i=1}^{4} x_{i2} = 18.426 \times 10^5 + 1.696 \times 10^5 \times (x_5 + x_6 + x_7 + x_8)$$

$$\max f_3(x) = C_3 \times \sum_{i=1}^{4} x_{i3} = 8.25 \times 10^5 + 1.272 \times 10^5 \times (x_9 + x_{10} + x_{11} + x_{12})$$

$$\max f_4(x) = C_4 \times \sum_{i=1}^{4} x_{i4} = 5.145 \times 10^5 + 0.848 \times 10^5 \times (x_{13} + x_{14} + x_{15} + x_{16})$$

$$(7\text{-}24)$$

无外调水的情况就是将上述目标函数中的四个供水水源改为三个供水水源。

（2）约束条件。主要包括：

①不同供水水源的水量约束。区域的不同类型供水水源水质特征决定了不同类型水源所能提供的用水部门，地表水和地下水的可供水量都不能超过可开采量，故约束条件可表示为

$$
\begin{cases}
\displaystyle\sum_{i=1}^{4} \sum_{j=1}^{4} x_{ij} \leqslant Q \\
\displaystyle\sum_{j=1}^{4} x_{ij} \leqslant Q_i
\end{cases}
\tag{7-25}
$$

式中，Q 为北京市总供水量；Q_i 为不同类型供水水源的可供水量。

②用水部门用水量约束。不同用水部门的用水量必须满足最大和最小需水量要求，公式为

$$
Q_{\min,j} \leqslant \sum_{i=1}^{4} x_{ij} \leqslant Q_{\max,j}
\tag{7-26}
$$

式中，$Q_{\min,j}$ 为不同用户的最小需水量；$Q_{\max,j}$ 为不同用户的最大需水量。

由需水预测确定的不同用户需水量见表7-2。

表 7-2　不同用户的需水量值　　　　　　　　（单位：亿 m³）

不同用户需水量	用水预测	最大需水量	最小需水量
工业	6.90	8.63	6.21
生活	17.89	22.36	16.10
环境	11.00	13.75	8.25
农业	4.20	5.25	3.15

表 7-2 中，农业需水与环境需水的最小值取预测值的75%；生活用水的最小需水量取预测值的95%，工业需水量的最小值取预测值的90%；不同用户需水量最大值取预测值的125%。

7.3.2　模型求解

在解决多目标问题时采用目标达到法，将多目标问题转化为非线性规划问题，并且通过对目标达到法的改进方法，使问题变为最大、最小化问题来获得更合适的目标函数（Karamouz et al., 2005）。在 Matlab 工具箱中，使用 fgoalattain 函数可以实现，Matlab 中调用 fgoalattain 函数如式（7-27）所示：

$$
[x, \text{fval}, \text{attainfactor}, \text{exitflag}] = \text{fgoalattain}(\text{fun}, x_0, \text{goal}, \text{weight}, D, d, \text{Aeq}, \text{beq}, \text{lb}, \text{ub})
\tag{7-27}
$$

式中，x_0 为初值；fun 为优化函数；goal 为函数目标值；weight 为给定的权重向量，一般情况下与 goal 相等；D、d 均为线性不等式约束；Aeq、beq 均为线性等式约束。

7.4 结果分析

7.4.1 有无外调水情况下预测结果分析

实际过程中，四类用户同时达到 $Q_{\max,i}$ 的情况几乎不能实现，所以将目标 g_{goal} 设定为各自约束条件下单目标的最优值，分别是 3.659×10^6 万元、5.635×10^6 万元、1.874×10^6 万元、7.82×10^5 万元，得到一组有外调水和无外调水条件下的优化配置方案，结果如图 7-2 所示。图 7-2 中，标号 1 为无外调水的情况，标号 2 为有外调水的情况。

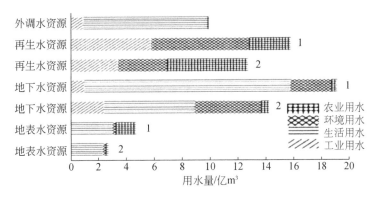

图 7-2 有、无外调水各类用户用水量情况

从图 7-2 可以看出，随着外调水进入北京，原有水源（再生水、地下水、地表水）的使用量均呈现下降的情况，地表水减少 1.99 亿 m^3，地下水减少 5.5 亿 m^3，再生水减少 3.51 亿 m^3，地下水减少最多。分析占比可知，地表水减少 41.4%，地下水减少 23.9%，再生水减少 21.5%，地表水的变化情况最为明显。

根据配置方案计算得到有、无外调水情况下生活、工业等用户需水量占各类水源供水的比例，见表 7-3。

表 7-3 有、无外调水情况下各类用水占各类供水水源的比例 （单位:%）

水源类型	有外调水				无外调水			
	工业	生活	环境	农业	工业	生活	环境	农业
地表水	0	85	7	8	0	64	5	31
地下水	17	45	33	5	5	77	15	3
再生水	27	0	28	45	37	0	44	19
外调水	11	88	0	1	—	—	—	—

由表 7-3 可知，南水北调中线水对北京市当地水资源功能的影响很大，不同需水用户用水量占各类水源供水量的比例也发生很大变化，即各类水源的功能发生了显著的变化。引入外调水之后，地下水提供生活用水的比例下降了 32 个百分点，提供环境用水的比例上升了 18 个百分点；地表水方面，农业用水比例大幅减少了 23 个百分点，生活用水比例因为外调水的引入而上升了 21 个百分点；再生水方面，优化方案的再生水资源中的工业用水、环境用水变化都不低于 10 个百分点，农业用水比例的增加最为明显，上升了 26 个百分点，这表明外调水的引入增加了对农业推进节水技术和水资源循环利用的要求。

根据配置方案计算得到有、无外调水情况下各水源供水量占各类用户用水量的比例，见表 7-4。

表 7-4　有、无外调水各类供水水源供水量占各类用水中的比例 （单位:%）

用户类型	有外调水				无外调水		
	地表水	地下水	再生水	外调水	地表水	地下水	再生水
工业用水	0	36	50	14	0	35	65
生活用水	13	36	0	51	17	83	0
环境用水	2	44	54	0	2	29	69
农业用水	25	13	61	1	30	9	61

由表 7-4 可知，工业用水方面，地下水比例基本不变，外调水的引入使得再生水比例下降了 15 个百分点；生活用水方面，地下水的占比从 83% 骤降到了 36%，与此同时，环境用水中的地下水占比上升了 15 个百分点，这表明地下水对生活用水供给减少的两部分被用于生态环境；农业用水方面，各类水源比例则改变不大。综合来看，外调水的引入对再生水占各类用水中的比例影响最大，对地表水占各类需水中的比例影响最小。

7.4.2　预测结果与实际情况对比

2015 年为南水北调中线水进京的第一个完整年份，故将预测的有外调水情况和 2015 年实际情况进行对比，预测情况和实际情况的优化配置结果如图 7-3 所示。图 7-3 中，标号 1 为假设情况，标号 2 为 2015 年实际情况。

由图 7-3 可知，2015 年南水北调中线水进京为 7.6 亿 m^3，并未达到规划的 10 亿 m^3，这就造成了实际情况下地下水资源和再生水资源使用量比假设情况偏大，但影响并不显著，地下水使用量仅仅上升了 12.1%，而再生水资源使用量仅仅提高了 2.0%；当外调水来水量未没达到规划要求时，该条件下的地表水使用量比预测的规划情况下的使用量少，说明在外调水减少时的缺水量由地下水补给。

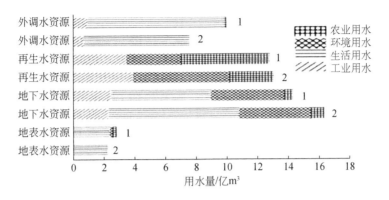

图 7-3　2015 年实际情况与预测情况对比

　　分析各类供水水源供水量占各类用水中的比例可知，预测情况和实际情况下各类供水水源占工业用水和环境用水的比例的差别均小于 15%，生活用水方面，地下水的供应比例提高了 12%，农业用水方面，实际情况下地下水供应比例达到 30%，而预测情况则更多使用地表水，表明外调水量增加有利于地下水的利用和保护。

　　分析各类用水占各类供水水源的比例可知，受外调水量未达到规划值影响最大的是再生水的使用量，环境用水在再生水中的所占比例提高了 20%，而农业用水的比例减少了23%，这也说明了在外调水进京的量达到规划水平时，对农业水资源的循环利用要求更高；地下水提供给生活用水的水量增加了 1.99 亿 m^3，在环境用水上的配比减少了 4%，在农业和工业上的配比基本不变；两种情况下生活用水在外调水中的比例都达到了 90%。

　　通过分析 2015 年实际情况和预测情况可知，为了在有外调水进京的条件下更高效地使用北京市当地水资源，应尽可能多地使用外调水资源满足生活用水的需求，余下的外调水可以提供给农业用水和工业用水，减轻生活用水对地下水的需求，有利于地下漏斗面积减小和地下水位回升；同时，原本提供生活用水的地下水有部分可以用来提供环境用水，有利于缓解北京市的环境污染问题。在外调水来水量达不到规划的情况时，需要在工业、农业和环境三方面改进节水技术，从而使再生水资源的使用量得到提升以满足用户需求。对于地表水，在有外调水的情况下，农业用水和生活用水在地表水的供给中占比应减小，适当提升供给生活用水的比例，这样可以增加官厅水库和密云水库的蓄水量，增强水资源储备的功能，有效改善北京市防范水资源短缺风险的能力（刘晓等，2015）。

7.5　小　　结

　　北京市作为南水北调中线工程的受水城市之一，其城市内供水格局随着中线水的调入也发生着改变。本章研究了南水北调中线工程的外调水对北京当地供水格局的影响，以

2000～2014 年北京市社会发展数据和水资源数据为基础，预测 2015 年北京市的供需水量，并构建了有、无外调水两种情景下的水资源优化配置模型，模拟预测 2015 年北京市在两种情景下的水资源配置，并与 2015 年的实际情况对比分析，得到了以下相关结论。

（1）采用改进的 GM(1，1) 模型、定额预测和非线性回归模型以及灰色预测等研究方法，预测出 2015 年北京市可供水总量为 40.66 亿 m^3，生活需水量为 17.89 亿 m^3，工业需水量为 6.9 亿 m^3，以灌溉为主的农业需水量为 4.2 亿 m^3，环境需水量为 11 亿 m^3。

（2）南水北调中线水进京后改变了当地原有的供水格局，总体上原有的地下水、地表水、再生水使用量均呈下降趋势。其中地下水的供水量减少，再生水中的农业用水占比提高，部分地表水供水量从生活用水转向农业用水和环境用水；生态环境补水量增加，生活用水中外调水占比最大，工业用水和农业用水中地下水占比显著下降。

（3）外调水资源应优先供用于生活，其次再提供给工业和农业，从而减小地下供水在生活用水的供给占比，原本供于生活的部分地下水可用来提供环境用水，缓解当地的环境污染程度，合理开采地下水资源也能防止地面沉降等现象发生；2015 年北京市实际外调水量为 7.6 亿 m^3，少于规划的 10 亿 m^3，提高再生水资源的利用率以满足在外调水量少于规划情况下的用户需求；合理减少地表水的供给量，增加北京市内水库蓄水量，降低市内水资源短缺的风险。

|第8章| 对冲理论在密云水库调度中的应用

北京市属于严重缺水城市，1997年官厅水库不再作为饮用水水源地之后，密云水库成为北京市唯一的地表水水源地，被称为北京市的"生命之水"，其供水压力巨大，常年维持低水位运行。利用南水北调中线工程沿线省（自治区、直辖市）配套工程建设相对滞后的现实情况，在工程运行初期（2015～2019年）加大向北京市输水，依托密云调蓄工程调水，将部分水量存蓄于长期干渴的密云水库中以增加其蓄水量（马巍等，2016）。密云水库蓄水量的增加虽然一方面能提高北京市的水资源战略储备和减小北京市缺水风险，但另一方面也增加了水库的蒸发渗漏损失和调水成本，密云水库目前的这种运行方式是否合理值得深入探讨，因此，研究这种缺水城市外调水与当地水的合理调配和高效利用具有重要的现实意义和实践价值。

本章将对冲理论引入到密云水库现行的运行调度方式上（门宝辉等，2021），从以下三方面开展研究：①当前阶段，通过密云调蓄工程调水，增加密云水库蓄水量的行为对水库的蒸发渗漏损失和前期调水成本的影响；②增加水库蓄水量对降低北京市缺水风险的影响；③引入对冲理论解释和分析目前密云水库运行调度规则的合理性，说明通过密云调蓄工程增加密云水库蓄水量的运行，是以当前阶段较小的蒸发、渗漏损失和调水成本的增加为代价，以达到减小北京市未来缺水风险的效果，是一种合理、有效的对冲操作。

8.1 数据资料与研究方法

8.1.1 数据资料

数据资料主要包括水资源方面的数据和南水北调中线工程规划报告，其中水资源方面的资料来源于《北京市水资源公报》（2015～2017年），主要采用南水北调中线工程调水量数据；南水北调工程规划报告主要包括《南水北调来水初期地下水回补规划》《南水北调城市水资源规划》。

8.1.2 研究方法

水库的蒸发渗漏损失采用简易公式法和卡明斯基公式，密云水库目前的运行调度方式的解析采用对冲理论。对冲理论起源于金融学，是一种减小当前阶段的收益，以减小未来的风险，同时仍能获利的方法。对冲理论最早被应用于水文学中是用于干旱期的水库调度中，通常最普遍、应用得最广的调度规则是 SOP，然而，由于 SOP 按照现阶段需求供水，旨在优先满足当前阶段的需水，存蓄多余水量直至发生弃水，完全不考虑未来需水情况。一般而言，供水产生的效益与供水量呈非线性关系，或者说缺水损失与缺水量呈非线性关系，其表现是单位供水产生的效益随当前阶段的已供水量增大而减小，单位缺水造成的损失随当前阶段缺水量的增大而增大，所以 SOP 在未来出现缺水情况时容易造成较大的缺水损失（Xu et al., 2017b；Shiau, 2009；You and Cai, 2008）。而基于对冲理论的水库调度规则就充分考虑了这一点，当水库的可供水量（当前阶段蓄水+下个时段的来水）较小时，对水库供水进行限制，其目的是在缺水时期存蓄部分水量供未来使用，与 SOP 相比，水库的这种调度有以下三方面影响：一是提前了缺水事件发生的时间和增加了发生缺水事件的时段数；二是减小了较大缺水事件发生的风险；三是有可能增大总的缺水损失（Neelakantan and Pundarikanthan, 1999；Shiau and Lee, 2005；Spiliotis et al., 2016）。基于对冲理论的水库调度和 SOP 如图 8-1 所示。

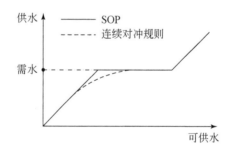

图 8-1 对冲规则与 SOP

这种对冲操作是基于缺水损失与缺水量的关系为非线性函数（或供水效益与供水量的关系为非线性函数），在总缺水量相同的情况下，短时段内大量缺水造成的损失远大于长时段内较小缺水事件造成的缺水损失，通过拟定供水效益函数（张娜妮，2014）或惩罚函数（Shiau, 2009），求得边际效益函数相等的点，可以得到实施对冲的最优区间。虽然，从当前较短的时段来看，对冲操作可能造成一定的损失，但是未来长时段内总损失最小（总效益最大）。

当下的水库调蓄（李小莉，2019）和北京市的水资源配置（苏心玥等，2019）大多从兴利效益或者防洪风险方面确定调度规则，这样就忽略了水库调蓄在提高水库供水保证率降低缺水风险方面的作用。而密云水库现在的调蓄原则主要考虑降低未来的缺水风险，对冲规则是金融学中降低极端风险事件发生可能性的一种规则，所以有必要从对冲理论的角度解释密云水库当下的调蓄原则。

2015 年密云调蓄工程通水，南水北调中线工程通水前期加大调水以增加密云水库蓄水量，从而提高北京市的水资源战略储备，以蓄水量增加导致的水库年内的蒸发渗漏损失和前期增加蓄水量所用的调水成本（前期投入）为代价，减小未来北京市缺水风险的运行方式在水资源研究领域受到了广泛关注。本研究以经济学中的对冲理论解释该运行方式这正是一种外调水与当地水的对冲操作。

2015 年密云调蓄工程开始通水运行后，南水北调中线进京水可分为两部分：一部分进入北京市供水环路，用于补充当年北京市需水；另一部分用于补充各水库蓄水、涵养地下水等，以提高水资源储备。本章依据 2015 ~ 2017 年北京市水资源公报中的数据资料和《南水北调来水初期地下水回补规划》的相关内容，提取出南水北调中线工程运行后以及密云调蓄工程通水至今（2017 年度末）各年内中线水调入密云水库的水量；利用调水后密云水库蓄水量等数据减去各年通过密云调蓄工程调入水库的水量，得到不通过密云调蓄工程调水情况下密云水库的相关数据。

8.2 结果分析与讨论

通过密云调蓄工程向密云水库调水，随着蓄水量增加，会对水库的蒸发渗漏损失和调水成本产生影响，一方面为了增加水库蓄水量，需要在前期增大中线调水量，这增大了调水成本，同时，随着水库蓄水量增加，水库的蒸发渗漏损失也随之加大；另一方面，在后期为了维持密云水库高水位运行，造成了较大的蒸发渗漏损失，但是增加密云水库的蓄水量可一定程度地减小北京市未来的缺水风险。

8.2.1 前期调水成本的增加

为了解决密云水库流域来水量不足和库区长期低水位运行等问题，南水北调中线工程运行前期加大向北京输水，增大了调水的投入，前期调水成本可以采用水费（水价×调水量）来表示。根据北京市水资源公报，2015 年、2016 年北京市中线水总调水量分别为 8.81 亿 m^3、10.63 亿 m^3，当年中线水用水量分别为 7.6 亿 m^3、8.4 亿 m^3，2017 年度中线水调水量为 10.77 亿 m^3，用水量为 8.8 亿 m^3，多调部分中线水用于补充北京市水资源储备，即用于增加密云水库蓄水和补充沿途怀柔水库、十三陵水库及回补密云、怀柔、顺义地区地下水。2015～2017 年，累计通过密云调蓄工程调水 3.6 亿 m^3 以补充密云水库蓄水，假定各年通过密云调蓄工程调入密云水库的中线水量与多调的中线水量成正比，则可得 2015 年、2016 年和 2017 年调入密云水库的中线水量分别为 0.81 亿 m^3、1.48 亿 m^3 和 1.31 亿 m^3（表 8-1）。

表 8-1　中线工程及调入密云水库水量　（单位：亿 m^3）

年份	中线调水量	中线当年用水量	调入密云水库水量
2015	8.81	7.6	0.81
2016	10.63	8.4	1.48
2017	10.77	8.8	1.31
2018	—	—	1.31
2019	—	—	1.31

根据《南水北调来水初期地下水回补规划》，当密云水库水位达到 148m 后，南水北调中线水不再向密云水库调水，因此，可认为密云水库多年平均蓄水位为 148m（库容 24.335 亿 m^3，死库容以上蓄水量 19.985 亿 m^3），在中线运行初期末（2019 年末）密云水库蓄水量达 24.335 亿 m^3。为了便于运算，假定 2018 年、2019 年水库蓄水量均匀上升，且通过密云调蓄工程调入密云水库的中线水量相同，均为 1.31 亿 m^3。

8.2.2　对蒸发和渗漏损失的影响

水库蓄水量增加将导致水库的蒸发、渗漏损失加大，密云调蓄工程调水操作分为两个阶段：第一个阶段是中线工程运行初期（2014 年末～2019 年末），依托密云调蓄工程，将部分中线水调入密云水库；第二个阶段从 2019 年末开始，密云调蓄工程根据密云水库蓄水量情况合理调水，保持密云水库在多年平均水位 148m 左右运行。因此，增加的蒸发渗漏损失可分为两部分：一是南水北调中线工程运行初期，调水引起蓄水量增加，导致蒸发、渗漏损失加大；二是密云水库保持蓄水位 148m 左右时，与不调水相比，增加了蒸发、渗漏损失。

2010 年以前，密云水库供水压力大，水库保持低水位运行，蓄水量约为 10 亿 m^3，自 2015 年以来密云水库蓄水量逐渐上升，到 2017 年末水库蓄水量达到 20.29 亿 m^3，其中 3.6 亿 m^3 为通过密云调蓄工程调入的中线水。通常认为密云水库蓄水量回升主要有三方面原因：一是 2016 年汛期降水量大，较多地补充了水库蓄水量；二是中线通水减轻了密云水库的供水压力；三是通过密云调蓄工程调入中线水。可认为在不通过密云调蓄工程调水至密云水库的情况下，密云水库蓄水量保持在 10 亿~16.69 亿 m³，按水库蓄水量 10 亿 m³ 和 16.69 亿 m³ 计算不调水情况下水库的蒸发、渗漏损失的区间（邢万秋等，2014）。

蒸发量按简易公式法进行计算，其计算方法见式（8-1）：

$$W_e = F_{we} \times 0.52 - F_{le} \tag{8-1}$$

式中，W_e 为水库水面年均蒸发量，mm；F_{we} 为水库年均蒸发量，mm；F_{le} 为年均陆地蒸发量，mm；0.52 为密云水库蒸发折算系数（闫骞和张万琨，2003）。

渗漏量采用卡明斯基（杨红秀，2005）公式进行计算，卡明斯基公式见式（8-2）：

$$\begin{cases} q = k \times h \times \dfrac{T}{2b+T} \\ W_s = q \times l \times 365 \end{cases} \tag{8-2}$$

式中，q 为单宽渗漏流量，m³/（d·m）；k 为渗透系数，m/d；W_s 为年库岸损失量，万 m³；l 为蓄水库岸长度，km；h 为蓄水后的渗漏水头，m；$2b+T$ 为渗径长度，m；T 为渗透层厚度，m。

根据式（8-1）和式（8-2）计算密云调蓄工程调水和不调水情况下的蒸发、渗漏损失结果如表 8-2 所示。

表 8-2　密云水库增加蓄水前后蒸发渗漏损失量

年份	蒸发量/mm	渗漏量/万 m³		增加渗漏量 /万 m³
		不增加蓄水	增加蓄水	
2015	801.9	1467.0	1545.0	78.0
2016	823.7	1479.0	1650.0	221.0
2017	995.4	1600.0	1960.0	360.0
2018	1172.5	1934.5	2433.5	499
2019	1172.5	1795.5	2433.5	638

1. 前期调水增大的损失

2015 年、2016 年和 2017 年通过密云调蓄工程调入密云水库的水量分别为 0.81 亿 m³、1.48 亿 m³ 和 1.31 亿 m³，与不调水方案相比，库面年均水面蒸发量分别增加了 801.9mm、823.7mm 和 995.4mm，2015 年、2016 年和 2017 年逐年抬高蓄水位而增加的渗漏损失分别为 78 万 m³、221 万 m³ 和 360 万 m³。根据《南水北调来水初期地下水回补规划》，水库水位达到 148m 后暂不向密云水库调水，即 2019 年末水库水位达到 148m，假定 2018 年和 2019 年水库蓄水量均匀上升，可计算出 2018 年和 2019 年由于调水而增加的渗漏量分别为 499 万 m³ 和 638 万 m³；蒸发量取 2017 年数值，为 995.4mm。

2. 后期调水增大的损失

后期调水，水库蓄水位保持148m左右时，水库的年内渗漏量为2433.5万 m³，2010年以前，密云水库多年平均蓄水量10亿 m³，多年平均蒸发量为1172.5mm，后期增大的损失可取后期密云水库多年平均蒸发量1172.5mm。

3. 不调水的方案

根据式（8-1）和式（8-2）计算可得出，蓄水量10亿 m³ 和16.69亿 m³ 的情况下渗漏量分别为672.9万 m³ 和1600万 m³；1960～2013年，密云水库多年平均蓄水量10亿 m³，多年平均蒸发量为1172.5mm，因此，蓄水量10亿 m³ 和16.69亿 m³ 的情况下蒸发量分别为1172.5mm 和1172.5mm。

因此，增加的两部分损失分别为：①南水北调中线工程运行初期（2015～2019年）由于调水而增加的蒸发、渗漏损失分别为801.9mm、823.7mm、995.4mm 和1796mm；②从2020年开始，密云水库保持多年平均蓄水位为148m，增加的年平均蒸发量为1172.5mm；增加的渗漏损失量的区间为833.5万～1760.6万 m³。

8.2.3 对缺水风险的影响

根据《南水北调城市水资源规划》的汇总成果，2010水平年95%来水水平时河南省、河北省、北京市、天津市的净缺水量之和为77.98亿 m³，其中北京市净缺水量为7.12亿 m³，2030水平年95%来水水平时净缺水量之和为128.12亿 m³，其中北京市净缺水量为17亿 m³。规划确定南水北调中线一期工程调水量95亿 m³，其中供给北京市水量12亿 m³，后期调水（2030水平年）130亿 m³，其中供给北京市水量17亿 m³。2010～2030年北京市多年平均需调入境的中线水量为12亿 m³，遇枯水年需加大中线调水量，以解决水资源供需矛盾，实际上引水量受丹江口上游来水、北京市当年的丰枯情况影响。为了便于估算，先假定南水北调中线工程可供北京市的水量是基于丹江口水库的年内总可调水量按一定比例分配的，根据这个假定得到的可调往北京市的中线水量与实际情况较符合，可调往北京市的中线水量可由式（8-3）求得：

$$W_b = \begin{cases} W_z \times 12/95, & W_z \leq 95 \\ 12 + (W_z - 95) \times 5/(130 - 95), & W_z > 95 \end{cases} \quad (8\text{-}3)$$

式中，W_z 为当年中线工程的总可调水量；W_b 为当年可分配给北京市的中线水量。

目前，南水北调中线一期工程条件下，中线总干渠陶岔渠首按设计流量350m³/s、加大流量420m³/s 进行供水，后期中线工程将加大供水能力。《南水北调中线工程规划》提出后期总干渠渠首设计流量采用 500m³/s 或 630m³/s，后期多年平均调水量（2030 水平年）130 亿 m³，根据耿万东（2007）的研究，后期按总干渠渠首设计流量 630m³/s、加大流量 800m³/s 进行供水时，多年平均可调水量为 131 亿 m³，基本可以适应北方地区多年的需水要求。

由丹江口水库各年的入库流量时间序列数据绘制 P-Ⅲ 频率曲线，选取来水量与 50%、75% 和 95% 来水水平年份相近的实际年，其可调水量分别对应 50%、75% 和 95% 来水水平年份的中线可调水量。中线一期工程条件下，中线水的实际可调水量不仅受丹江口水库的总可调水量影响，还一定程度上受总干渠工程规模限制，在 50% 来水水平年份实际可调水量受工程规模限制较大，在 75% 来水水平年份受工程规模限制小，导致在 50%、75% 来水水平年份的实际可调水量相近。根据式（8-1）和式（8-2），可求得相应典型年份可调往北京市的中线水量。一期工程条件下，中线一期工程与北京市几种典型来水遭遇时，需要密云水库进行补偿供水的量见表 8-3 和表 8-4。

表 8-3　一期工程条件下密云水库补偿水量　　　　　（单位：亿 m³）

北京市来水频率	中线来水频率		
	50%	75%	95%
50%	-4.86	-4.63	1.04
75%	1.06	1.29	6.96
95%	4.07	4.30	9.97

表 8-4　2030 年密云水库需补偿水量　　　　　（单位：亿 m³）

北京市来水频率	中线来水频率		
	50%	75%	95%
50%	-10.98	-9.61	0.31
75%	-5.06	-3.69	6.23
95%	-2.05	-0.68	9.24

对于依托密云调蓄工程增加密云水库蓄水量的方案，密云水库可供水量约为 19.985 亿 m³，在中线一期工程条件或远景条件下，丹江口水库上游和北京市都遭遇极端干旱情景（中线和北京市同时遭遇 95% 来水水平）时能保证两年内的供水不被破坏，在中线遭遇 95% 来水水平、北京市遭遇 75% 来水水平时能保证 3 年内的供水不被破坏，且在远景条件下，中线遭遇 50% 来水水平和 75% 来水水平时中线水有富余，能不同程度地补充密云水库蓄水量；对于不依托密云调蓄工程增加蓄水的方案，密云水库蓄水量可按（10 亿 m³，16.69 亿 m³），不一定能满足外调水和当地水同时遭遇极端枯水情形的需水，且在年末密

云水库蓄水较少，容易对第二年的供水产生较大影响。

本研究将经济学中的对冲概念引入分析密云水库在外调水进京后增加蓄水量的行为，与对冲操作中通过买入期权而支付期权费相似，密云水库在增加蓄水的过程中也投入了成本（Dariane and Karami，2014；Men et al.，2019a；Chen et al.，2007）。经济学中的对冲操作目的是降低标的物的价格上涨（或者下跌）给投资者带来的风险，同样，密云水库增加的蓄水量是为了降低未来时段内北京市出现的极端缺水风险，如图 8-2 所示。在密云水库的调蓄规则研究中，可以将密云水库增加蓄水量所需承担的成本作为期权费，成本的承担方作为期权买方，这种期权可以与美式期权类似，不过不存在期权的到期时间，在北京市遭遇极端枯水时行权，保证北京市的供水安全。可采用张娜妮（2014）对密云水库进行研究时提出的水库供水效益函数（图 8-2 象限 I 中曲线），它表示供水效益是供水量的边际效益递减的上凸函数，当水库供水量最大时供水效益最大。

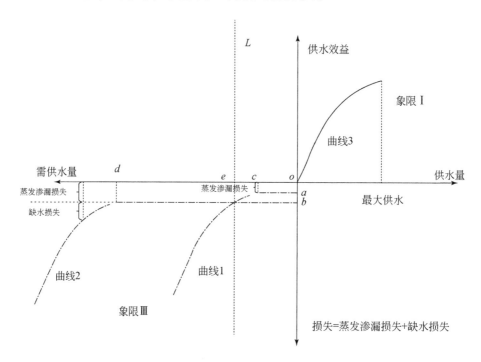

图 8-2　密云水库的对冲图解

横轴负方向表示在需水量不变的条件下，其他水源可供水量的减少造成对密云水库供水的需求量增加；纵轴负方向表示损失，包括两部分：水库的蒸发、渗漏损失和供水不足造成的损失。本章研究北京市发生缺水的情况，其主要研究区域为象限 III。密云水库不增加蓄水时损失随需供水量变化如图 8-2 中曲线 1 所示，增加蓄水后损失随需供水量变化如图 8-2 中曲线 2 所示。oa 和 ob 分别是不增加蓄水和增加蓄水两种情形时水库的年均蒸发、渗漏损失，ab 表示增加蓄水造成的蒸发、渗漏损失增加量，可与期权对冲中的期权费相对应。从 c 点到 e 点，密云水库前期增加蓄水的条件下可以完全满足需求，但增加蓄水需要承担额外的期权费；而若前期不增加蓄水，则会因为无法满足需水产生缺水损失，不过此时用水缺口较小，缺水损失较小，表示不增加蓄水产生的损失小于增加蓄水支付的期权费，在这种情况下，从经济利益角度考虑不增加蓄水更优（章燕喃等，2014；Men et al.，2019b；Tan et al.，2017）。从 e 点往横轴负方向，对于密云水库供水需求逐渐增大，前期不蓄水条件下的缺水损失高于期权费，此时，对冲操作开始体现优势。因为北京市属于水资源短缺的地区，并且 21 世纪以来降水量呈现下降趋势，极有可能出现 e 点左侧的情况，密云水库通过用前期支付期权费，将不产生缺水的区间由 co 扩大为 do，减小了发生缺水事件的风险，同时，在遭遇极端干旱情况时能减小缺水量。以表 8-3 和表 8-4 的遭遇情形进行说明，若出现如表 8-3 和表 8-4 中外调水和当地水同时遭遇极端枯水情形，其他供水水源的供水缺口分别为 9.97 亿 m^3（中线一期工程条件）和 9.24 亿 m^3（远景条件），密云水库在前期蓄水后的可供水量为 19.985 亿 m^3，可以满足外调水和当地水同时遭遇极端枯水情形两年的需水；若前期未增加蓄水，可供水量为（5.53 亿 m^3，12.22 亿 m^3），不一定能满足外调水和当地水同时遭遇极端枯水情形的需水，所以前期投入的对冲成本在此时起到了降低后期缺水风险的作用。

8.3 小　结

随着南水北调中线工程通水，密云水库的蓄水量持续增加，这种水库运行方式在提高北京市供水保证率的同时会增加蒸发、渗漏等损失。2015 年密云调蓄工程开始通水运行后，依托密云调蓄工程调水，在工程运行初期（2015～2019 年）将部分中线水量存蓄于长期干涸的密云水库中以增加其蓄水量，当密云水库水位达到 148m 后，南水北调中线水不再向密云水库调水。随着密云水库蓄水量增大，水库的蒸发、渗漏等损失增加，北京市遭遇枯水年情形时的缺水量减少，可分为两个阶段：一是工程运行初期（2015～2019 年）增加调水，中线调水成本增大，密云水库蓄水量持续增大，水库的蒸发、渗漏等损失持续增加，北京市遭遇极端枯水年情形时的缺水持续减小；二是水库水位保持 148m 左右，与不依托密云调蓄工程增加蓄水量的方案相比（蓄水量 10 亿～16.69 亿 m^3），年均增大的蒸发量和渗漏量的区间分别为（325.8mm，374.8mm）和（833.5m^3，1760.6m^3），能保证中线和北京市同时遭遇极端枯水情形时的供水，减小缺水风险，在遭遇连续枯水年份时减小缺水量。因此，定量研究密云水库目前的运行方式具有重要的现实意义。

本章以密云水库增加蓄水量前后的两种情形为研究对象，基于对冲理论研究了其调水成本和未来缺水风险，分析结果表明：①水库蓄水量增加能保证丹江口水库和北京市同时遭遇极端枯水年时的供水；②若北京市在未来遭遇来水频率为 75% 的枯水年，能够保证在未来 3 年满足用水需求；③目前密云水库的运行方式是一种以当前阶段较小的蒸发、渗漏损失、调水成本的增加为代价，来减小未来缺水风险的对冲行为。从理论上可以合理地解释目前密云水库的运行规则，是密云水库当地水与南水北调中线外调水对冲平衡的典型应用案例，为对冲理论在复杂水源类型的城市水资源供需管理领域的运用提供了参考和借鉴。

第9章 天津市的水资源高效利用

京津冀地区位于华北平原北部，地处海河流域，它包括北京市、天津市和河北省，是我国北方经济重要的核心区，也是推动中国经济发展的重要战略区域，然而京津冀的水资源问题严重制约了地区的经济与社会发展。目前京津冀地区水资源主要问题在于水资源总量不足、地下水超采严重、粗放用水方式持续加重水资源短缺程度、水资源统筹调配能力不足等。同时，京津冀地区也是全国水资源供需矛盾最尖锐的地区之一，供水水源经历了以地下水、地表水水源为主到再生水、南水北调水、地下水和地表水多水源联合调配的过程。国家为了解决北方水资源短缺的问题，开启了大型跨流域的调水工程——南水北调，大大缓解了北方水资源匮乏的状况。其中，京津冀地区作为南水北调中线工程的受水区，自工程顺利通水后，地区内的水资源量得到一定的提升，但水资源空间不均衡状态仍然持续存在，多源供水格局尚未形成。为了推动京津冀乃至全国的经济发展和社会进步，重视并解决其水资源问题是必要的，需要对有限的水资源进行合理的分配，更高效地利用水资源，规范生活生产用水排放，注重水质改善和污水治理，从而达到水资源的可持续发展和利用。

本章以天津市为例，将对冲规则应用于天津市的供水研究中，搜集整理供水情况和水资源量等资料，根据是否有引江水配套管道工程将天津市分为引江供水和引江不供水两类地区，基于缺水量和可能缺水原因，同时设置两种枯水情景，用 SOP 和对冲规则及改进其目标函数的方法对不同的缺水情景系列进行求解分析，对比不同方法下的供水结果和用户缺水情况，为减少缺水事件的损失及不利影响提供有效的方法依据。

9.1 数据资料与研究方法

9.1.1 数据资料

本章基础数据来自 2012~2017 年天津市水资源公报等，包括天津市 2012~2017 年地下水可开采区地下水资源情况、1998 年 7 月 1 日~2018 年 7 月 1 日于桥水库年初蓄水量数据、天津市和引滦同枯情形引江不供水地区的缺水数据、2000 年 7 月 1 日~2001 年 6 月

30 日与 2003 年 7 月 1 日~2004 年 6 月 30 日潘家口水库逐旬来水数据和于桥水库 1980 年 7 月~1981 年 6 月逐旬来水数据等。

9.1.2　研究方法

制定旬尺度调度模拟模型来确定旬内引滦水供水量和各用水户的水量分配，通过改进粒子群算法对模型求解寻优，利用对冲规则减小干旱期的缺水损失。

1. 改进粒子群算法

改进后的粒子群算法将非线性控制策略应用到算法中，把原来的惯性权重 w 和学习因子 c_1、c_2 通过动态调整公式确定，在寻优计算中避免前期陷入局部最优点，并提高了后期算法的准确性和收敛速度，具体原理见第 5 章。本章以天津市和引滦同枯的情景组合下，天津市引江不供水地区的缺水率平方和最小为目标函数，采用改进粒子群算法对年内逐旬引滦可供水量的起始对冲点进行寻优。

2. 对冲规则

对冲规则起源于金融学，指的是同时进行两笔行情相关、方向相反、数量相当、盈亏相抵的交易，是为了降低投资的风险，具体原理见第 5 章。在水库调度工作中，应用对冲规则可以有效地减少缺水时的损失。本章将对冲规则应用于天津市的缺水情景分析，以减小后期可能发生的严重缺水事件的不利影响。

9.2　水资源高效利用的内涵

社会生产和居民生活的各个环节都离不开水资源的使用，能否高效利用水资源直接决定了国民经济和社会经济是否可持续发展。水资源开发利用过程中既要满足当代社会、经济、生态环境协调发展的需求，又要保证其永续利用。没有水资源的可持续利用，就谈不上人类社会的持续、稳定发展，反之，如果人类社会发展的需求得不到水资源的支撑，则会影响水资源开发利用的可持续性。

水资源开发利用率（也称为水资源利用率），是指流域或区域用水量占水资源总量的比率，体现的是水资源开发利用的程度。而水资源利用效率指水的耗用量与取用量的比率，是反映水资源有效开发利用和管理的重要综合指标，它既包括生产技术、工艺水平所决定的技术效率，又包括经济发展水平、管理水平等经济因素所决定的经济效率（姚亭亭和刘苏峡，2021）。

为了实现水资源的可持续性利用,以提高水资源利用率的传统手段——"节水"为出发点,推出更综合高效的用水模式,提高利用效率,实现水资源的高效利用。节水主要包括减少输水环节的水量损失和生产过程的用水量,使单位水分得到更多的经济产出,它属于提高水资源的经济效用。而高效地利用水资源不仅实现了水的经济效益,兼顾着用水过程中对社会背景和生态环境方面的影响,还提高了水资源的利用效率。

与传统节水方式相比,高效用水模式的不同和优势主要表现为以下三个方面。

(1)尺度方面。不同于注重输水过程的节水,水资源利用的高效转化考虑了流域的水循环尺度,通过减少水循环各个环节的蒸散发消耗实现水的节约,效率评价的尺度需要扩展至水循环全过程,体现整体的用水高效性,将耗水控制设定为水量配置的目标。

(2)标准方面。高效用水模式强调量、质、效全面衡量,从单一的水量利用效率评价转换到水资源利用对社会、经济、生态、环境多因素的综合影响效果评估。相对于传统节水以单位产值用水量为评价标准,综合高效用水是将生态效应、水质状况均纳入评价标准,从量、质、效等方面来综合评价用水效率。

(3)范围方面。传统节水主要侧重于降低单位产值的用水量,而高效用水则是对多重措施效应的全面评价,包括对开源、节流、治污、挖潜等不同类别治水措施的效用进行分析,来体现高效用水的范围性。

综上而言,高效用水是水资源能够可持续利用的重要手段,是可持续发展框架下水资源利用的一种新模式,是保证"社会–经济–生态环境"可持续发展极为重要的保证,是水资源综合开发、利用、保护和管理最合理的利用方式,同时也是一种行之有效的解决水资源危机的方法。

9.3 基于对冲规则的天津市水资源高效利用

对冲规则在水库调度尤其是供水水库中的应用在第 6 章已经做了介绍,一般地,对冲规则的研究多停留在总供水量的研究阶段,没有考虑各用水户需水的满足程度,由于缺水时用水户自发追求效益最大,导致发生缺水时缺水的边际损失随缺水量增大而增大,以各时段缺水率平方和最小为目标函数能较好地坦化缺水率过程,达到减小缺水损失的效果,而实际上,对于每个用水户,其缺水的边际损失与缺水量的关系可以用图 9-1 表示。

分别从农业、工业和生活方面说明缺水边际损失与缺水量的关系:当用水户的用水缺口较小时,农业由于作物供水不足造成减产、工业由于供水少而影响产量,即为图 9-1 中第一阶段的减产损失。当用水户的用水缺口较大时,农业可能出现作物枯死的情况,由于农业作物通过收成获得效益,作物枯死导致前期供水的效益流失,因此,缺水较大导致作物枯死会造成极大损失,属于破坏性损失,应极力避免;对于工业,当用水缺口较大

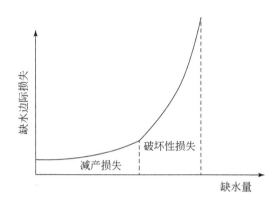

图 9-1 缺水边际损失

时，可能导致部分工厂停产或原材料积压、资金链断裂等问题，严重时可能导致工厂倒闭，若发生工厂倒闭情况，则后期该部分工业产值会出现缺口，同样属于破坏性损失，也应极力避免；对于生活用水，其供水对保证社会稳定等具有至关重要的作用，更应极力避免缺水较大的情形发生。因此，当发生缺水时，为了获得最大效益，会优先限制效益最小的农业和生态供水，缺水量较大时为了避免农业出现破坏性损失，应让工业承担部分缺水，同理，生活可承担极小部分的缺水。基于这个思想，认为当发生缺水时，根据供水重要性的先后顺序和供水效益由高到低，应按农业和生态、工业、生活的顺序依次限制供水，尽量保证农业和生态、工业、生活的缺水量都不至于过大是比较合理的。

本章将对冲规则用于天津市的供水研究中，基于天津市的可能缺水原因和缺水量，当发生天津市和引滦同枯情形时，引江不供水地区后期将发生严重缺水事件，鉴于严重缺水事件的损失大、破坏性大，本章开展对冲规则在天津市的应用研究以减小后期可能发生的严重缺水事件的不利影响。

天津市供水水源多样，其供水水源有地表水、地下水、南水北调中线水（也称引江水）、引滦水、再生水、海水淡化水、引黄水等多种常规和非常规水源，其中，外调水中引黄水属于应急供水，仅当天津市发生缺水时启用，因此，天津市主要的外调水源有两类：引滦水和引江水。引滦工程在蓟县进入天津市，工程纵贯天津市，引滦水可为天津市全区供水（李春丽和别春霞，2009），2014 年 12 月中线工程正式通水运行，引江水经中线工程天津干线段在西青区九宣闸进入天津市，自西向东横穿天津市中部地区，供水区域为主城区、西部临空产业区、滨海新区海河北区、滨海新区海河南、南部石化生态区和静海区，主要供工业和生活用水，并可为农业和生态相机补水（张丽丽和殷峻暹，2010；阮本清等，2005）。南水北调中线工程天津市段通水后，引滦工程主要供水地区为蓟县、宝坻、武清、宁河、滨海新区北部旅游区，并可在引江来水较少的时段为主城区、西部临空产业区、滨海新区海河北区、滨海新区区海河南、南部石化生态区和静海区进行补充供水。根据是否有引江水配套管道工程，本研究将天津市各地区分为两类：引江不供水地区，包括蓟县、宝坻区、武清区、宁河区、滨海新区北部旅游区；天津市其余地区为引江供水地区。引黄济津工程两条线路，潘庄线路从潘庄渠首闸引水至天津市静海区九宣闸，位山线路从山东省聊城市位山引水至天津市静海区九宣闸（曹希盈，2017；苏秀峰，2013b），引黄水入津后供水地区与引江水供水地区相同；天津市地下水、海水淡化水和再生水的供水情况和天津市供水网络结构如图 9-2 所示。

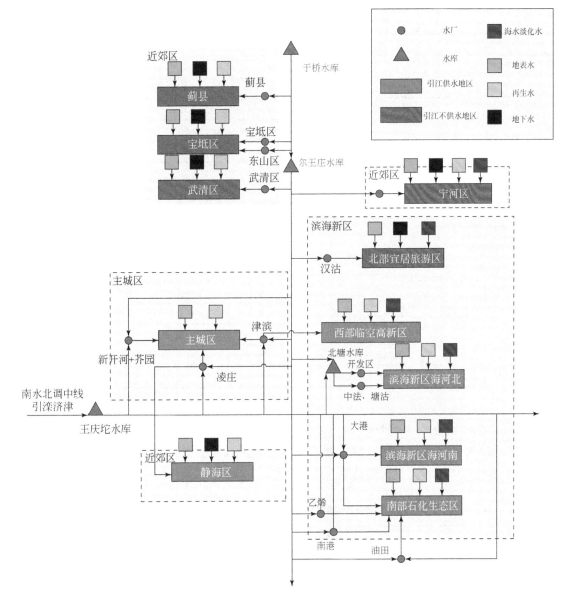

图 9-2　天津市供水网络结构

9.3.1 天津市和引滦同枯时的缺水量研究

根据各地区接受引江水的情况将天津市分为两类地区：引江供水地区和引江不供水地区，收集整理两类地区供水的水源资料，天津市引江不供水地区和引江供水地区的水源情况分别见表9-1和表9-2。

表9-1 天津市引江不供水地区水源统计

引江供水的地区	引江供水的地区	地下水	海水淡化水	其他
1	蓟县	有	无	
2	宝坻区	有	无	
3	武清区	有	无	地表水、再生水
4	宁河区	有	有	
5	北部宜居旅游区	无	有	

表9-2 天津市引江供水地区水源统计

引江不供水的分区	地区	地下水	海水淡化水	其他
1	主城区	无	无	
2	静海区	有	无	
3	西部临空产业区	无	有	地表水、再生水
4	滨海新区海河北	无	有	和引黄应急供水
5	滨海新区海河南	无	有	
6	南部石化生态区	无	有	

引江供水地区中，只有静海区、主城区的西青和北辰区有较少的地下水资源可开采，南水北调中线工程通水后主城区划入地下水禁采区，根据2012～2017年天津市水资源公报，统计地下水可开采区的地下水资源情况（表9-3）。

表9-3 天津市2012～2017年地下水可开采区的地下水资源情况

年份	武清区 /亿 m³	宝坻区 /亿 m³	宁河区 /亿 m³	静海区 /亿 m³	蓟县 /亿 m³	合计 /亿 m³	静海占比/%
2017	1.24	1.47	0.26	0.21	1.84	5.02	4.18
2016	1.29	1.79	0.36	0.38	1.92	5.74	6.62
2015	1.47	1.11	0.20	0.32	1.43	4.53	7.06

续表

年份	武清区 /亿 m³	宝坻区 /亿 m³	宁河区 /亿 m³	静海区 /亿 m³	蓟县 /亿 m³	合计 /亿 m³	静海占 比/%
2014	0.77	0.92	0.23	0.18	1.40	3.50	5.14
2013	1.31	1.21	0.20	0.26	1.77	4.75	5.47
2012	1.45	1.72	0.47	0.46	2.92	7.02	6.55

注：引江通水后，西青区、北辰区划入地下水禁采区。

研究发现，天津市引江供水地区地下水资源约占可开采区总量的 5.84%，引江通水后地下水供水量按 5.4 亿 m³ 计算，折合引江供水地区地下水可供水量 0.315 亿 m³，地下水资源量引江不供水的地区多年间约占天津市可开采区总量的 94.16%，折合引江不供水地区地下水可供水量 5.085 亿 m³。2020 年与 2030 年两类地区的需水情况见表 9-4～表 9-7。

表 9-4　天津市 2020 年引江不供水地区的需水情况　　　　（单位：亿 m³）

2020 年引江不供水地区	生活	工业	农业	生态	合计
蓟县	0.36	0.25	1.01	0.06	1.68
宝坻区	0.27	0.03	3.65	0.13	4.08
武清区	0.40	0.18	3.00	0.13	3.71
宁河区	0.19	0.23	1.61	0.62	2.65
北部宜居旅游区	0.19	0.18	0.16	0.08	0.61
合计	1.41	0.87	9.43	1.02	12.73

表 9-5　天津市 2020 年引江供水地区的需水情况　　　　（单位：亿 m³）

2020 年引江不供水地区	生活	工业	农业	生态	合计
主城区	3.46	1.84	1.42	3.84	10.56
静海区	0.24	0.11	0.69	0.03	1.07
西部临空产业区	0.19	0.20	0.09	0.09	0.57
滨海新区海河北	0.47	0.84	0.11	0.15	1.56
滨海新区区海河南	0.12	0.44	0.11	0.05	0.72
南部石化生态区	0.28	0.98	0.12	0.11	1.49
合计	4.76	4.41	2.54	4.27	15.98

表 9-6　天津市 2030 年引江不供水地区的需水情况　　（单位：亿 m³）

2030 年引江不供水地区	生活	工业	农业	生态	合计
蓟县	0.56	0.43	0.94	0.09	2.02
宝坻区	0.41	0.05	3.38	0.18	4.02
武清区	0.61	0.31	2.78	0.18	3.88
宁河区	0.29	0.39	1.50	0.85	3.03
北部宜居旅游区	0.28	0.31	0.15	0.11	0.85
合计	2.15	1.49	8.75	1.41	13.80

表 9-7　天津市 2030 年引江供水地区的需水情况　　（单位：亿 m³）

2030 年引江供水地区	生活	工业	农业	生态	合计
主城区	5.29	3.13	1.31	5.29	15.02
静海区	0.37	0.19	0.64	0.04	1.24
西部临空产业区	0.29	0.33	0.08	0.13	0.83
滨海新区海河北	0.71	1.43	0.10	0.21	2.45
滨海新区海河南	0.18	0.75	0.10	0.07	1.10
南部石化生态区	0.42	1.68	0.11	0.15	2.36
合计	7.26	7.51	2.34	5.89	23.00

　　分析两类地区的用水组成可知，引江供水地区用水主要是生活、工业和生态用水，而引江不供水地区用水主要是农业用水。由于天津市供水管道老旧、供水管道与再生水厂和海水淡化水厂不匹配等问题的制约，2020 年天津市再生水和海水淡化水可供水量按 4 亿 m³ 计算，各地区再生水和海水淡化水可供水量参考规划中各地区配水比例进行计算，2020 年引江不供水地区的再生水和海水淡化水可供水量为 0.73 亿 m³。2030 年引滦不供水分区内蓟县、宝坻区、宁河区、武清区污水处理厂总计污水处理能力 60 万 m³/d，产出水量按处理水量的 80% 同时年内产水量不大于水厂产水能力计算，引滦供水地区再生水年可供水量为 1.75 亿 m³。根据规划，海水淡化水为滨海新区和宁河区供水，参考规划中各地区海水淡化水水量分配比例，2030 年天津市海水淡化水供水的配套管道设施将修建完成，引江不供水地区可供海水淡化水 0.83 亿 m³。各地区地表水可供水量参考规划中各地区地表水供水量的比例进行计算，引滦水汇入于桥水库调蓄后可为全区供水，此处地表水可供水量部分不包含于桥自产水，通过不计引滦水和引江水供水以研究天津市两类地区外调水需水情况和缺水情况。对于 2020 年和 2030 年不同保证率情形，不计引江水和引滦水时，天津市两类地区供需水平衡分析见表 9-8 和表 9-9。

表 9-8　2020 年两类地区供需水分析　　　　（单位：亿 m³）

项目	引江不供水地区			引江供水地区		
保证率	50%	75%	95%	50%	75%	95%
需水	12.74	12.74	12.74	15.96	15.96	15.96
地表水	1.43	1.00	0.21	5.31	3.71	0.78
地下水	5.08	5.08	5.08	0.32	0.32	0.32
海水淡化水和再生水	0.73	0.73	0.73	3.27	3.27	3.27
缺水量	5.50	5.93	6.72	7.06	8.66	11.59

表 9-9　2030 年两类地区供需水分析　　　　（单位：亿 m³）

项目	引江不供水地区			引江供水地区		
保证率	50%	75%	95%	50%	75%	95%
需水	13.80	13.80	13.80	23.00	23.00	23.00
地表水	1.43	1.00	0.21	5.31	3.71	0.78
地下水	5.08	5.08	5.08	0.32	0.32	0.32
再生水	1.05	1.05	1.05	8.47	8.47	8.47
海水淡化水	0.83	0.83	0.83	2.15	2.15	2.15
缺水量	5.41	5.84	6.63	6.75	8.35	11.28

　　天津市引江供水地区的外调水源较多（引江水、引黄水、引滦水），当引江来水较少时，可由引滦水、当地水库（王庆坨水库等）蓄水进行补充，若还缺水则可以启用引黄应急供水工程，天津市年均可引黄水量约为 5 亿 m³，根据丹江口水库不同年初蓄水位和年径流情形下的可调水量研究成果，在启用引黄工程后，可认为能充分保证引江供水地区的用水需求。对于引江不供水地区，当发生天津市和引滦同枯的情形时，尔王庄水库按有效库容 0.38 亿 m³，于桥水库供水死水位下蓄水 0.7 亿 m³，统计 1998 年 7 月 1 日~2018 年 7 月 1 日于桥年初蓄水量数据，发现于桥水库 7 月 1 日蓄水多年间均值为 2.50 亿 m³，按于桥水库年初蓄水量 2.50 亿 m³ 计算。2020 年与 2030 年引江不供水地区需水量分别为 12.74 亿 m³ 与 13.74 亿 m³，当地地表水、地下水和再生水、引滦水、尔王庄水库和于桥水库等供水后，引江不供水地区缺水率仍为 8.84% 和 10.28%，用水缺口较大，将造成严重缺水损失。天津市和引滦同枯情形引江不供水地区的缺水具体数据见表 9-10。

表 9-10 天津市和引滦同枯情形引江不供水地区的缺水具体数据

引滦枯水情形	2020 水平年		2030 水平年	
	引滦 2000 年情形	引滦 2003 年情形	引滦 2000 年情形	引滦 2003 年情形
总需水/亿 m³	12.74		13.80	
地表水、地下水、再生水供水后/亿 m³	6.72		6.57	
引滦天津实际受水/亿 m³	1.89	2.93	1.89	2.93
引滦供水后/亿 m³	4.83	3.79	4.74	3.70
于桥水库年内来水供水后/亿 m³	3.49	2.45	3.40	2.36
扣除于桥水库和尔王庄水库年初蓄水后缺水/亿 m³	1.31	0.27	1.22	0.18
缺水率/%	10.28	2.12	8.84	1.30

在干旱期的水库调度中，对冲规则的本质就是如何存蓄水量以满足未来的需水，其表现在调度操作上是水库分成不同调度区间，当可供水量在水量较小的区间（小于 SWA）时限制供水。在前述天津市不同缺水情况的研究基础上，对冲规则根据水库时段初蓄水和时段内预报来水减去蒸发、渗漏的可供水量，天津市引江不供水地区对引滦水依赖较大，引滦水源头为潘家口水库，当天津市丰水，需引滦水量较少时，天津市可分配引滦水量存蓄在潘家口水库内，当天津市需水时通过引滦工程汇入于桥水库，经于桥水库调蓄后供水，因此，对于引江不供水地区，除地表水、地下水、海水淡化水和再生水外，仍有两部分可供水量：于桥水库可供水量和引滦天津市可分配水量，其中，于桥水库可供水量等于时段初于桥水库供水死水位以上蓄水与时段内于桥水库预报来水之和再扣除蒸发、渗漏损失；引滦工程潘家口水库年度可分配水量由式（9-1）求得：

$$S = S_0 - S_d + \sum_{i=1}^{36} (l_i - e_i) \tag{9-1}$$

式中，S 为引滦工程潘家口水库年内可分配水量；S_0 为年初潘家口水库蓄水量；S_d 为潘家口水库死库容；l_i 为 i 旬潘家口水库来水量；e_i 为 i 旬水库的蒸发、渗漏损失；i 为旬数。

按照天津市引滦水量分配的有关规定，当潘家口水库年内可分配水量较小时（不大于 11 亿 m³），天津市可分配水量为潘家口水库可分配水量的 60%，本研究的引滦枯水情形潘家口水库年内可分配水量均不大于 11 亿 m³，蒸发、渗漏以及调水过程中的各种损失按 25% 计算，可按式（9-2）求得从年初到年末的各旬间引滦工程天津市实际可收水量：

$$S_{津}(i) = \left(S_0 - S_d + \sum_{i=1}^{n} l_i\right) \times 60\% \times 75\% \tag{9-2}$$

式中，$S_{津}(i)$ 为截至 i 旬，引滦工程天津市可分配的、扣除各种损失后的天津市实际可收到的水量。

引江不供水地区主要有大型水库于桥水库和小型水库尔王庄水库，尔王庄水库有效库容 0.38 亿 m³，自产水少，为了便于区分，令引滦水可供水量为于桥水库可供水量、$S_{津}(i)$、尔王庄蓄水量之和，而源自潘家口的引滦水称为引滦入津水。引滦水可供水量由式 (9-3) 计算：

$$S_{滦}(i) = S_{津}(i) + S_{尔} + S_{于}(i) \tag{9-3}$$

式中，$S_{于}(i)$ 为 i 旬于桥水库可供水量；$S_{尔}$ 为尔王庄水库的年初蓄水量；$S_{滦}(i)$ 为 i 旬引滦水可供水量。

在天津市和引滦同枯情形，供水的首要目标是满足需水，因此，在天津市和引滦同枯情形要尽可能发掘可用水。天津市 2020 年再生水和海水淡化水可供水量受管道供水能力限制，再生水和海水淡化水年内可供水量 4 亿 m³，引江不供水地区再生水和海水淡化水可供水量 0.73 亿 m³，按再生水和海水淡化水在年内各时段均匀供水，天津市 2020 年地下水可供水量 5.4 亿 m³，引江不供水地区地下水资源量 5.08 亿 m³，按时段地下水最大可开采量供水，地表水可供水量较小，按年内各时段地表水均匀供水，地表水、地下水、海水淡化水和再生水供水后，剩余缺水由引滦水补充。

由于对冲规则研究干旱期减少缺水损失，水库年径流小，不会由于蓄水过大而出现弃水，因此，本研究不考虑汛期调度的问题。以往对冲规则的研究将水库的蓄水区间进行分区，当水库的可供水量位于较小区间时根据对冲比例限制供水，以达到存蓄水量满足未来需水的目的。对于天津市引江不供水的地区，其对引滦水依赖较大，当引滦水可供水量较大时，天津市需水可得到较好保证，引滦水经于桥水库调蓄后按天津市实际需求供水，若此时引江来水较少，引滦水可为引江供水地区进行补充供水；当引滦水可供水量较少时（本研究的天津市和引滦同枯情形不对引江供水地区供水），则不对引江供水地区补充供水，仅对引江不供水地区供水。根据这一思路，本研究制定了以旬内引滦水可供水量为判断指标的旬尺度调度模拟模型来确定该旬内引滦水供水量和各用水户的水量分配，引滦水可供水量分区见图 9-3。

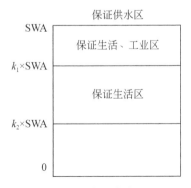

图 9-3　引滦水可供水量分区

k_1、k_2 为给定的参数

由图 9-3 可知，当引滦水位于保证供水区时，在地表水、地下水、海水淡化水和再生水供水后引滦水按需供水；当引滦水可供水量位于保证生活、工业区时，保证生活和工业用水，按农业缺水不大于 20% 限制供水；当引滦水可供水量位于保证生活区时，保证生活用水，限制农业和工业用水，农业按 20% 限制供水，按工业缺水不大于 20% 限制供水；当可供水量位于保证生活区以下时，生活按缺水 5%、工业按缺水 20%、农业按缺水 20% 进行供水，若此时引滦水可供水量过小，不能按上述供水量供水时，依次按生活缺水 5%、工业缺水 20%、剩余供农业的方式供水。确定引滦水供水量和各用水户的水量分配具体过程如下。

当 $S_{滦}(i) \geqslant S_w(i)$ 时

$$D = N_1 + N_2 + N_3 - m_1 - m_2 - m_3 \tag{9-4}$$

当 $k_1 \times S_w(i) \leqslant S_{滦}(i) < S_w(i)$ 时

$$
\begin{cases}
l = \dfrac{S_{滦}(i) - k_1 \times S_w(i)}{(1 - k_1) \times S_w(i)} \\
D(i) = N_1(i) + N_2(i) + l \times N_3(i) - m_1(i) - m_2(i) - m_3(i) \\
d_1(i) = N_1(i) \\
d_2(i) = N_2(i) \\
d_3(i) = l \times N_3(i)
\end{cases} \tag{9-5}
$$

当 $k_2 \times S_w(i) \leqslant S_{滦}(i) < k_1 \times S_w(i)$ 时

$$
\begin{cases}
l = \dfrac{S_{滦}(i) - k_2 \times S_w(i)}{(k_1 - k_2) \times S_w(i)} \\
D(i) = N_1(i) + l \times N_2(i) + 0.8 \times N_3(i) - m_1(i) - m_2(i) - m_3(i) \\
d_1(i) = N_1(i) \\
d_2(i) = l \times N_2(i) \\
d_3(i) = 0.8 \times N_3(i)
\end{cases} \tag{9-6}
$$

当 $S_{滦}(i) < k_2 \times S_w(i)$ 时

$$
\begin{cases}
D(i) = 0.95 \times N_1(i) + 0.8 \times N_2(i) + 0.8 \times N_3(i) - m_1(i) - m_2(i) - m_3(i) \\
d_1(i) = 0.95 \times N_1(i) \\
d_2(i) = 0.8 \times N_2(i) \\
d_3(i) = 0.8 \times N_3(i)
\end{cases} \tag{9-7}
$$

式中，$N_1(i)$、$N_2(i)$、$N_3(i)$ 分别为 i 旬的生活、工业、农业需水量；$m_1(i)$、$m_2(i)$、$m_3(i)$ 分别为 i 旬的地表水、地下水、再生水和海水淡化水供水量；$d_1(i)$、$d_2(i)$、$d_3(i)$ 分别为 i 旬的生活、工业、农业供水量；$D(i)$ 为引滦水供水量；$S_w(i)$ 为 i 旬的保证供水区的可供水量下限值；k_1、k_2 为给定的参数，本研究 k_1、k_2 的值分别取 0.8 和 0.6。

天津市的需水量和可供水量，与 2030 年相比，2020 年天津市和引滦同枯情形缺水量更大，缺水损失更严重，因此，本研究 2020 年天津市和引滦同枯情形利用对冲规则减小缺水损失。

在干旱期，利用对冲规则减小缺水损失时，采用缺水率平方和最小为目标函数能坦化总缺水率过程，可以起到较好减小破坏缺水性损失的效果。以天津市和引滦同枯的组合下，天津市引江不供水地区的缺水率平方和最小为目标函数，采用改进粒子群算法对年内逐旬引滦可供水量的起始对冲点进行寻优。目标函数如下：

$$\begin{cases} \min Z = \sum_{i=1}^{m} \sum_{j=1}^{36} \left(\dfrac{s_j - d_{ij}}{s_j} \right)^2 \\ d_{ij} = m1_{ij} + m2_{ij} + m3_{ij} + D_{ij} \end{cases} \tag{9-8}$$

式中，s_j 为 j 旬的总需水量；D_{ij} 为 i 情景 j 旬内，根据对冲规则确定的引滦供水量；$m1_{ij}$、$m2_{ij}$、$m3_{ij}$ 分别为 i 情景 j 旬内的地表水、地下水、再生水和海水淡化水供水量；d_{ij} 为 i 情景 j 旬内的总供水量。

以缺水率平方和最小为目标函数能坦化缺水率过程，较好地减小破坏性缺水损失，但对于减小缺水损失的效果却有限，因此，缺水率平方和最小不能保证最优。本研究对目标函数进行改进，认为以缺水率平方和为目标函数能较好地减小缺水造成的破坏性损失，因此，在减小破坏性缺水损失的基础上可通过对目标函数进行改进，增加减产损失最小目标，以追求较小减产损失。

减产损失可根据万元工业增加值取水量或万元农业增加值取水量计算，以工业为例，万元工业增加值取水量为 5.37m³/万元的意义指 5.37m³ 工业用水能产生 1 万元的效益，万元农业增加值取水量的意义同理。2020 年天津市工业和农业万元产值取水量分别为 5.37m³ 和 215.8m³，考虑到供水的优先级从先到后依次为生活、工业、农业和生态供水，生活、工业具有保障人民生活安全、社会稳定等至关重要的作用，本研究按生活、工业供水产生价值相同，为 5.37m³/万元，考虑到生态供水作用相对较小，令生态供水产生的价值与农业相同，为 215.8m³/万元。可按式（9-9）计算供水产生的效益：

$$W = (n_1 + n_2) \times 215.8 + n_3 \times 5.37 \tag{9-9}$$

式中，n_1、n_2 和 n_3 分别为生活、工业、农业和生态年供水总量。

对目标函数进行改进，在原目标基础上增加减产率最小目标。改进后的目标函数为

$$\begin{cases} \min Z = \sum_{i=1}^{m} \sum_{j=1}^{36} \left(\dfrac{s_j - d_{ij}}{s_j} \right)^2 + k \times \left(1 - \dfrac{(n_1 + n_2) \times v_1 + n_3 \times v_2}{(N_1 + N_2) \times v_1 + N_3 \times v_2} \right) \\ d_{ij} = m1_{ij} + m2_{ij} + m3_{ij} + D_{ij} \end{cases} \tag{9-10}$$

式中，N_1、N_2、N_3 分别为生活、工业、农业和生态年需水；v_1、v_2 分别为工业和农业万

元产值取水量；k 为减产损失最小目标的权重，本研究取值为 5。

引滦水进入天津市后汇入于桥水库，1983 年后测站（站码 30402800）的来水数据为于桥水库自产水与引滦来水之和，同时，考虑到 2000 年和 2003 年来水数据缺测较多（日来水数据，2000 年 7 月 1 日~2001 年 6 月 30 日实测 211 天，缺测 154 天，2003 年 7 月 1 日~2004 年 6 月 30 日实测 201 天，缺测 155 天），因此，本研究选取实测数据较全、年径流量与 95% 枯水年来水量相近的引滦入津工程通水前的 1980 年的逐旬来水数据，该年于桥水库自产水 1.66 亿 m^3，比 95% 枯水年多 0.32 亿 m^3，年初于桥水库蓄水量取为 7 月 1 日蓄水量的多年平均值 2.50 亿 m^3 减去 0.32 亿 m^3，为 2.18 亿 m^3，供水死水位按 0.7 亿 m^3 计算；引滦水数据有两部分：年初潘家口水库蓄水量数据和年内潘家口水库逐旬来水数据，本研究设置的天津市和引滦同枯的情景见表 9-11。

表 9-11 天津市和引滦同枯的情景设置

	潘家口水库 2000 年枯水情形	潘家口水库 2003 年枯水情景
于桥水库 1980 年枯水情形	情景Ⅰ：潘家口水库 2000 年枯水同时于桥水库 1980 年枯水	情景Ⅱ：潘家口水库 2003 年枯水同时于桥水库 1980 年枯水

统计 2015 年天津市各地区逐旬供水过程，整理得到引江供水地区和引江不供水地区逐旬供水过程。与农业和生态的需水变化过程相比，生活需水和工业需水年内变化较小，以 2015 年天津市两类地区生活和工业年供水量按逐日平均得逐日和逐旬的生活与工业供水过程，以 2015 年天津市两类地区逐旬供水过程减去生活和工业供水过程即得农业与生态逐旬供水过程。2020 年两类地区农业需水过程为根据农业年需水量按 2015 年农业供水逐旬占比按比例计算求得，2020 年两类地区生活和工业需水过程为对年需水量按逐日平均得逐日和逐旬的需水过程。天津市 2020 年引江不供水地区需水过程见图 9-4。

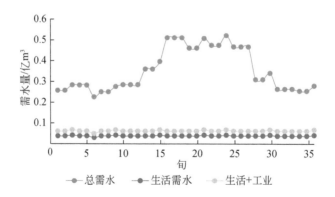

图 9-4 天津市 2020 年引江不供水地区逐旬需水

图 9-4 中,以 1 月 1 日~10 日为第一旬,12 月 20~31 日为最后一旬,由于引江不供水地区农业需水占比较大,因此,年内变化较大,其中 18~27 旬需水量(6~9 月)较大。

引滦入津工程调水周期为每年 7 月 1 日至第二年 6 月 30 日,潘家口水库枯水年数据资料为 7 月 1 日至第二年 6 月 30 日逐旬来水数据,第一旬为 7 月 1~10 日,于桥水库枯水年数据为 1980 年 7 月~1981 年 6 月逐旬来水数据。以 2000 年 7 月 1 日~2001 年 6 月 30 日与 2003 年 7 月 1 日~2004 年 6 月 30 日潘家口水库逐旬来水数据和于桥水库 1980 年 7 月~1981 年 6 月逐旬来水数据为研究对象,采用改进粒子群算法对模型求解(Jain et al.,2018;袁罗和葛洪伟,2019;李浩君等,2018;周文娟和赵礼峰,2019),按缺水率平方和最小为目标函数寻优的结果记为系列 I,按改进的目标函数寻优的结果记为系列 II,按 SOP、系列 I 和系列 II 供水时的缺水率平方和分别为 1.647、0.581、0.620,说明对冲规则减小缺水损失的效果较好。系列 I 和系列 II 的结果见图 9-5 和表 9-12。

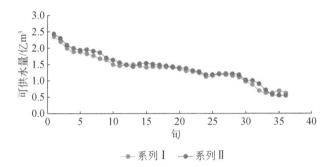

图 9-5 系列 I 和系列 II 逐旬值

表 9-12 系列 I 和系列 II 逐旬值 (单位:万 m³)

旬	1	2	3	4	5	6	7	8
系列 I	23 500	22 000	19 985	18 887	18 887	18 293	17 698	16 798
系列 II	24 380	23 062	21 000	20 000	19 390	19 580	19 096	18 677
旬	9	10	11	12	13	14	15	16
系列 I	16 828	14 945	14 631	14 994	14 994	14 569	14 152	14 328
系列 II	17 049	16 394	15 595	14 855	14 355	15 240	15 363	15 087
旬	17	18	19	20	21	22	23	24
系列 I	14 228	14 228	14 028	13 625	13 062	12 798	12 349	11 249
系列 II	14 879	14 579	14 321	14 021	13 799	13 099	12 798	11 889
旬	25	26	27	28	29	30	31	32
系列 I	11 249	11 249	11 424	11 112	11 061	9 800	8 832	6 959
系列 II	11 889	12 200	12 200	12 120	11 838	10 232	10 058	9 073

旬	33	34	35	36			
系列 I	6 263	6 263	6 889	6 200			
系列 II	7 165	5 765	5 565	5 502			

9.3.2 标准调度的供水过程和用户缺水率分析

为了说明对冲规则的效果，以按 SOP 供水的结果作为对比。SOP 是优先满足当前阶段需水，当可供水小于需水时则全供，其情景设置、需水过程均与对冲规则相同，当发生缺水时，为了不让某一用水户承担过多的缺水损失，当发生缺水时根据供水的优先级不同，按优先满足生活 95% 需水，若有剩余再满足工业 80% 需水，最后满足农业和生态需水。情景 I 时，SOP 供水过程和用户的缺水情况见表 9-13。

表 9-13　情景 I 按 SOP 供水过程和用水户的缺水情况

旬	生活			工业			农业和生态			总缺水率/%
	供水/万 m³	缺水/万 m³	缺水率/%	供水/万 m³	缺水/万 m³	缺水率/%	供水/万 m³	缺水/万 m³	缺水率/%	
1	384	0	0	238	0	0	3 997	0	0	0
2	384	0	0	238	0	0	3 997	0	0	0
3	422	0	0	262	0	0	4 397	0	0	0
4	384	0	0	238	0	0	4 127	0	0	0
5	384	0	0	238	0	0	4 127	0	0	0
6	422	0	0	262	0	0	4 540	0	0	0
7	384	0	0	238	0	0	4 052	0	0	0
8	384	0	0	238	0	0	4 052	0	0	0
9	384	0	0	238	0	0	4 052	0	0	0
10	384	0	0	238	0	0	2 482	0	0	0
11	384	0	0	238	0	0	2 482	0	0	0
12	422	0	0	262	0	0	2 731	0	0	0
13	384	0	0	238	0	0	2 027	0	0	0
14	384	0	0	238	0	0	2 027	0	0	0
15	384	0	0	238	0	0	2 027	0	0	0
16	384	0	0	238	0	0	1 932	0	0	0
17	384	0	0	238	0	0	1 932	0	0	0

续表

旬	生活			工业			农业和生态			总缺水率/%
	供水/万 m³	缺水/万 m³	缺水率/%	供水/万 m³	缺水/万 m³	缺水率/%	供水/万 m³	缺水/万 m³	缺水率/%	
18	422	0	0	262	0	0	2 125	0	0	0
19	384	0	0	238	0	0	1 961	0	0	0
20	384	0	0	238	0	0	1 961	0	0	0
21	422	0	0	262	0	0	2 157	0	0	0
22	384	0	0	238	0	0	2 211	0	0	0
23	384	0	0	238	0	0	2 211	0	0	0
24	307	0	0	191	0	0	1 769	0	0	0
25	384	0	0	238	0	0	1 893	0	0	0
26	384	0	0	238	0	0	1 893	0	0	0
27	422	0	0	262	0	0	2 083	0	0	0
28	364	19	5	191	48	20	2 221	15	1	3
29	364	19	5	191	48	20	1 387	848	38	32
30	364	19	5	191	48	20	1 119	1 117	50	41
31	364	19	5	191	48	20	1 159	1 829	61	53
32	364	19	5	191	48	20	1 104	1 884	63	54
33	401	21	5	210	52	20	1 213	2 073	63	54
34	364	19	5	191	48	20	1 094	3 402	76	68
35	364	19	5	191	48	20	3 434	1 063	24	22
36	364	19	5	191	48	20	4 266	230	5	6
合计	13 832	173		8 261	436		92 242	12 461		

按 SOP 供水时的缺水量为

$$175+436+12\ 461 = 13\ 070\ （万\ m^3）$$

工业、生活的供水价值为 5.37 m³/万元，农业和生态的供水价值为 215.8 m³/万元，暂不考虑严重缺水的破坏性损失，则缺水损失为

$$\frac{173+436}{5.37}+\frac{12\ 461}{215.8} = 171.15\ （亿元）$$

按 SOP 供水时的缺水情况，发现缺水集中发生在后期，29～34 旬总缺水率均大于 20%，缺水率最大为第 34 旬，总缺水率达 68%，农业和生态 30～34 旬缺水率均不低于 50%，最高缺水率为 34 旬的 76%，认为农业出现作物枯死的情形，发生破坏性损失；28～36 旬，生活和工业都发生缺水，缺水率分别 5% 和 20%；按 SOP 供水的缺水量为 13 069 万 m³，缺水损失为 171.15 亿元。

9.3.3 对冲规则下的供水过程和用户缺水率分析

对于情景Ⅰ，根据对冲规则按系列Ⅰ供水的过程和用水户的缺水情况见表9-14。

表9-14 情景Ⅰ按系列Ⅰ供水和用水户缺水情况

旬	生活			工业			农业和生态			总缺水率/%
	供水/万 m³	缺水/万 m³	缺水率/%	供水/万 m³	缺水/万 m³	缺水率/%	供水/万 m³	缺水/万 m³	缺水率/%	
1	384	0	0	238	0	0	3 362	635	16	14
2	384	0	0	238	0	0	3 315	682	17	15
3	422	0	0	262	0	0	3 733	663	15	13
4	384	0	0	238	0	0	3 503	624	15	13
5	384	0	0	238	0	0	3 674	453	11	10
6	422	0	0	262	0	0	4 033	506	11	10
7	384	0	0	238	0	0	3 407	645	16	14
8	384	0	0	238	0	0	3 377	675	17	14
9	384	0	0	234	4	2	3 242	810	20	17
10	384	0	0	238	0	0	1 989	494	20	16
11	384	0	0	238	0	0	2 089	394	16	13
12	422	0	0	262	0	0	2 310	421	15	12
13	384	0	0	238	0	0	1 702	325	16	12
14	384	0	0	238	0	0	1 771	256	13	10
15	384	0	0	238	0	0	1 828	199	10	8
16	384	0	0	238	0	0	1 712	221	11	9
17	384	0	0	238	0	0	1 727	205	11	8
18	422	0	0	262	0	0	1 906	219	10	8
19	384	0	0	238	0	0	1 753	208	11	8
20	384	0	0	238	0	0	1 776	185	9	7
21	422	0	0	262	0	0	2 009	148	7	5
22	384	0	0	238	0	0	2 030	180	8	6
23	384	0	0	238	0	0	2 017	193	9	7
24	307	0	0	191	0	0	1 687	81	5	4
25	384	0	0	238	0	0	1 752	141	7	6
26	384	0	0	238	0	0	1 726	167	9	7
27	422	0	0	262	0	0	2 007	75	4	3

续表

旬	生活			工业			农业和生态			总缺水率/%
	供水/万 m³	缺水/万 m³	缺水率/%	供水/万 m³	缺水/万 m³	缺水率/%	供水/万 m³	缺水/万 m³	缺水率/%	
28	384	0	0	238	0	0	2 124	111	5	4
29	384	0	0	238	0	0	2 048	187	8	7
30	384	0	0	238	0	0	2 085	151	7	5
31	384	0	0	238	0	0	2 755	232	8	6
32	384	0	0	238	0	0	2 759	228	8	6
33	422	0	0	249	13	5	2 629	657	20	17
34	364	19	5	191	48	20	3 597	899	20	19
35	364	19	5	191	48	20	3 597	899	20	19
36	364	19	5	191	48	20	3 597	899	20	19
合计	13 953	57		8531	161		90 628	14 068		

根据对冲规则按系列 I 供水时的缺水量为

$$57+161+14\ 068 = 14\ 286\ (万\ m^3)$$

工业、生活的供水价值为 $5.37m^3/万元$，农业和生态的供水价值为 $215.8m^3/万元$，暂不考虑严重缺水的破坏性损失，则缺水损失为

$$\frac{57+161}{5.37}+\frac{14\ 068}{215.8}=105.79\ (亿元)$$

根据对冲规则按系列 I 供水时缺水发生的情况，工业缺水发生在 33~36 旬和第 9 旬，生活缺水发生在 34~36 旬，农业全年都有缺水，农业和生态最大缺水率为 20%，总缺水量 14 286 万 m³，缺水损失 105.79 亿元。

对于情景 I，根据对冲规则按系列 II 供水的过程和用水户的缺水情况见表 9-15。

表 9-15　情景 I 按系列 II 供水和用水户缺水情况

旬	生活			工业			农业和生态			总缺水率/%
	供水/万 m³	缺水/万 m³	缺水率/%	供水/万 m³	缺水/万 m³	缺水率/%	供水/万 m³	缺水/万 m³	缺水率/%	
1	384	0	0	238	0	0	3 240	757	19	16
2	384	0	0	238	1	0	3 197	799	20	17
3	422	0	0	262	0	0	3 603	793	18	16
4	384	0	0	238	0	0	3 385	742	18	16
5	384	0	0	238	0	0	3 683	444	11	9

旬	生活			工业			农业和生态			总缺水率/%
	供水/万 m³	缺水/万 m³	缺水率/%	供水/万 m³	缺水/万 m³	缺水率/%	供水/万 m³	缺水/万 m³	缺水率/%	
6	422	0	0	262	0	0	3 879	660	15	13
7	384	0	0	238	0	0	3 292	760	19	16
8	384	0	0	236	2	1	3 242	810	20	17
9	384	0	0	238	0	0	3 265	787	19	17
10	384	0	0	234	4	2	1 986	496	20	16
11	384	0	0	238	0	0	2 097	385	16	12
12	422	0	0	262	0	0	2 489	241	9	7
13	384	0	0	238	0	0	1 873	154	8	6
14	384	0	0	238	0	0	1 760	267	13	10
15	384	0	0	238	0	0	1 752	275	14	10
16	384	0	0	238	0	0	1 701	231	12	9
17	384	0	0	238	0	0	1 730	202	10	8
18	422	0	0	262	0	0	1 948	177	8	6
19	384	0	0	238	0	0	1 793	167	9	6
20	384	0	0	238	0	0	1 798	163	8	6
21	422	0	0	262	0	0	1 979	178	8	6
22	384	0	0	238	0	0	2 073	138	6	5
23	384	0	0	238	0	0	2 030	181	8	6
24	307	0	0	191	0	0	1 667	102	6	5
25	384	0	0	238	0	0	1 780	113	6	5
26	384	0	0	238	0	0	1 763	131	7	5
27	422	0	0	262	0	0	2 019	64	3	2
28	384	0	0	238	0	0	2 094	141	6	5
29	384	0	0	238	0	0	1 998	238	11	8
30	384	0	0	238	0	0	2 105	131	6	5
31	384	0	0	238	0	0	2 560	427	14	12
32	384	0	0	234	4	2	2 390	597	20	17
33	422	0	0	262	0	0	2 632	654	20	16
34	384	0	0	223	16	7	3 597	899	20	18
35	384	0	0	220	18	8	3 597	899	20	18
36	384	0	0	238	0	0	3 794	702	16	14
合计	14 013	0		8 646	46		89 791	14 905		

根据对冲规则按系列Ⅱ供水时的缺水量为

$$0+46+14\ 905=14\ 951\ （万\ m^3）$$

工业、生活的供水价值为 5.37m³/万元，农业和生态的供水价值为 215.8m³/万元，暂不考虑严重缺水的破坏性损失，则缺水损失为

$$\frac{0+46}{5.37}+\frac{14\ 905}{215.8}=77.63\ （亿元）$$

系列供水时缺水发生的情况，发现缺水在年内分布较均匀，工业缺水发生在 2 旬、8 旬、10 旬、32 旬和 35 旬，生活没有发生缺水，农业全年都有缺水，农业和生态最大缺水率为 20%，总缺水量 14 953.7 万 m³，缺水损失 77.63 亿元。

情景Ⅰ按 SOP 和根据对冲规则按系列Ⅰ、系列Ⅱ供水的结果对比见表 9-16。

表 9-16　情景Ⅰ按 SOP 和系列Ⅰ、系列Ⅱ的供水结果

指标	SOP	系列Ⅰ	系列Ⅱ
缺水量/万 m³	13 069	14 291	14 954
缺水损失/亿元	171.15	105.80	77.58
生活缺水发生时段/旬（最大缺水率）	28 ~ 36（5%）	34 ~ 36（5%）	无
生活缺水总量/万 m³	175	58	0
工业缺水发生时段/旬（最大缺水率）	28 ~ 36（20%）	1 ~ 36（20%）	1 ~ 36（8%）
工业缺水总量/万 m³	434	160	46
农业和生态缺水发生时段/旬（最大缺水率）	28 ~ 36（76%）	1 ~ 17、19、22 ~ 24、30 ~ 36（20%）	1 ~ 14、15 ~ 20、22 ~ 26、29 ~ 36（20%）
农业和生态缺水总量/万 m³	12 460	14 073	14 908
缺水发生时段/旬（最大总缺水率）	28 ~ 36（68%）	1 ~ 36（19%）	1 ~ 36（18%）

情景Ⅱ按 SOP 和系列Ⅰ、系列Ⅱ的供水结果对比见表 9-17。

表 9-17　情景Ⅱ按 SOP 和系列Ⅰ、系列Ⅱ的供水结果

指标	SOP	系列Ⅰ	系列Ⅱ
缺水量/万 m³	2677.4	5090.6	4695.9
缺水损失/亿元	47.13	23.6	25.95
生活缺水发生时段/旬（最大缺水率）	35 ~ 36（5%）	无	无
生活缺水总量/万 m³	95.9	无	无
工业缺水发生时段/旬（最大缺水率）	35 ~ 36（20%）	无	无
工业缺水总量/万 m³	95.3	无	无
农业和生态缺水发生时段/旬（最大缺水率）	35 ~ 36（31.55%）	1 ~ 10、35、36（18%）	1 ~ 10、36（20%）

指标	SOP	系列 I	系列 II
农业和生态缺水总量/万 m³	2486.2	5090.6	4695.9
缺水发生时段/旬（最大总缺水率）	28～36（30%）	1～10、35、36（16%）	1～10、36（17%）

整合表 9-16 和表 9-17，按 SOP 供水和根据对冲规则按系列 I、系列 II 供水的结果见表 9-18。

表 9-18　按 SOP 和系列 I、系列 II 供水的结果

指标	SOP	系列 I	系列 II
缺水量/万 m³	15 746.4	19 330.6	19 649.9
缺水损失/亿元	218.28	130.44	103.60
最大生活缺水率/%	5	5	5
生活缺水总量/万 m³	270.9	58	0
最大工业缺水率/%	20	20	8
工业缺水总量/万 m³	529.3	160	46
最大农业和生态缺水率/%	76	20	20

对比按 SOP 供水和按对冲规则供水的结果，发现按对冲规则供水时农业和生态最大缺水率为 76%，而根据对冲规则按系列 I、系列 II 供水时农业和生态最大缺水率均为 20%，说明原假设（以缺水率平方和最小为目标函数求解的对冲过程曲线可使得缺水过程比较平缓，通过依次限制供水，用水户不会出现破坏性损失）较为合理。同时，此处计算按 SOP 供水产生的效益时，忽略了严重缺水造成的破坏性损失（如缺水率 76% 说明发生了破坏性损失），计算得按 SOP 供水时的缺水损失为 218.28 亿元，且根据对冲规则按系列 I 和系列 II 供水时分别能将缺水损失减小 40% 和 53% 左右，若考虑按 SOP 供水时严重缺水的损失，则按对冲规则供水能进一步减小缺水损失，综上所述，说明对冲规则在干旱期具有较好的减小缺水损失的效果。

对比根据对冲规则按系列 I、系列 II 供水的结果，情景 I 时缺水较大，根据情景 I 各旬的总缺水率结果计算总缺水率系列的变异系数（变异系数 C_v 可衡量数据的离散程度），系列 I 和系列 II 的变异系数分别为 0.46 和 0.48，根据对冲规则按系列 I 供水时的 C_v 值更小，说明缺水率过程更加平缓。根据对冲规则按两系列供水时的生活缺水均没有超过 5%，工业、农业和生态缺水均没有超过 20%，认为按对冲规则供水时避免了破坏性缺水事件，同时根据对冲规则按系列 II 供水时的缺水损失更小，分析其原因：观察缺水率过程发现根据对冲规则按系列 II 供水时的前期缺水率比按系列 I 供水时更大，增大了年内缺水率过程

的波动性，但年内生活和工业总缺水量更小（系列 II 没有出现生活缺水），其原因是在前期农业需水较大的时段系列 II 限制供水更多，存蓄了更多水可在后期供生活和工业用水，因此，虽然缺水率过程波动稍大，但增大了供水的效益（减小了减产损失）。

综上所述，可得出以下结论：在干旱期，对冲规则能减小严重缺水的破坏性损失（生活缺水没有超过 5%，工业、农业和生态缺水没有超过 20%），能减小少量缺水造成的减产损失（缺水损失更小）；改进目标函数后的对冲规则减小减产损失的效果更好，能进一步增大供水效益。

9.4 小　结

本章提出了水资源高效利用的内涵及其对可持续发展的长远意义，并对收集的数据资料进行整理，得到天津市 2020 年生活、工业、农业和生态需水过程，简单介绍了本章涉及的两种研究方法。分析了对冲规则仅以缺水率平方和为目标函数存在的不足，并对目标函数进行改进，以天津市为例，设置不同情景系列，将按 SOP 供水和根据对冲规则按缺水率平方和为目标函数求解的对冲规则曲线供水的结果进行对比，研究结果表明对冲规则具有在干旱期减小缺水损失的效果，同时，改进目标函数后的对冲规则具有较好的减小破坏性缺水损失和减产损失的效果。

|第10章| 结论与展望

10.1 结 论

本书通过对京津冀地区气候变化与水文情势、丹江口水库入库径流特性、基于对冲规则的外调水水资源供水潜力及其高效利用进行研究，得到以下结论。

1）京津冀地区气象要素时空变化规律

本书以累积距平法、M-K 法、CEEMD 法、R/S 法和 EOF 法等方法为研究工具，分别对京津冀地区降水、气温和蒸散发的时序成分及空间分布进行分析。在降水要素方面，从降水丰枯程度、降水量变化趋势、降水量变化的时间尺度进行分析，京津冀地区降水集中度和降水集中期均呈高低交错变化，在波动中呈现下降趋势，京津冀地区降水集中度在空间范围内由东北地区到西南地区逐渐降低，表明近海地区降水集中程度更高；该地区降水集中期在空间范围内由南到北渐次提前，但前后相差不大，基本集中在 7 月。降水时序在 1960～2013 年总共发生 3 次突变，突变起始年份分别为 1962 年、1978 年和 2012 年；并且在 54 年的时间尺度内，主要存在 6.75 年、18 年、27 年左右的交替变化主周期，同时得到京津冀地区降水 54 年来丰枯交替变化，且在波动中呈现下降趋势的演变规律；对京津冀地区降水空间变化规律分析中临海–内陆差异型的方差贡献率为 52.38%，表明该分布为京津冀地区降水主要空间分布形式，这也与京津冀地区温带季风性气候相对应。在未来一段时间京津冀地区降水仍将呈现下降趋势，但降水随机性较强。

在气象要素方面，京津冀地区年平均气温呈现显著增加趋势，整个京津冀地区的气温增加率达到了 0.26℃/10a，并且通过 R/S 法分析可知，该地区的气温上升趋势仍然将持续出现；气温的变化可以分为多个时间尺度，主要存在 4 年、7 年、18 年三个主周期；通过 EOF 法对京津冀地区的气温变化进行分析，方差贡献率最大的向量空间分布表明整个地区的气温变化呈现一致性变化的特点，远离海洋的内陆地区和以北京市、天津市为中心的小部地区气温变化更为明显；从其他的向量空间分布来看，比较显著的特征是东部沿海和高海拔地区会出现与南部内陆地区气温变化相反的趋势，偶尔会出现较为明显的东西差异。

在蒸散发方面，京津冀地区年平均蒸散发时序存在交替变化特征，总体上呈现上升趋势，在未来一段时间内可能会缓慢上升，并且这种蒸散发上升的状况极大可能会长时间持续存在；通过 CEEMD 法分析得到时序存在三个主周期 3.38 年、6.75 年、18 年，说明京津冀地区的年平均蒸散发序列包含多个时间尺度；京津冀地区的蒸散发于 2000 年和 2010 年发生突变，且在 2000 年左右京津冀地区年蒸散发呈现出非显著性的上升趋势，在 2010 年后有缓慢的下降趋势；用 EOF 法对京津冀地区的蒸散发变化进行分析，表明京津冀地区中南部蒸散发增加量或减少量要大于北部地区，且蒸散发变化呈现南北相异性和东西相异性。

2）京津冀地区水文情势及水资源变化

本书以潮河下会水文站为例进行径流分析，在多时间尺度分析中，主要包含三个主周期，分别为 4.22 年、6.33 年、19 年。由于气候变化和人类活动的影响，潮河径流于 2002 年发生突变；1973～2010 年，潮河流域的径流发生了很大的变化，径流的丰枯变化交替出现，年平均径流量整体上呈现出下降趋势，并且下降趋势显著。

本书通过对京津冀地区水资源分析，研究表明在 2005～2020 年该地区水资源呈现出总体下降趋势，地表水资源与地下水资源量大多数年份低于各地多年平均值。同时水资源量呈现空间分布不均衡性，各城市间水资源条件差异较为显著。2014 年南水北调中线工程正式通水与再生水处理技术革新，拓宽了京津冀地区供水的水源类型，缓解了用水紧张的局面，提升了供水的安全。

3）丹江口水库入库径流变化规律

丹江口水库 1999～2017 年的年均入库径流量较南水北调中线工程规划采用的 1956～1998 年序列减少了 50.5 亿 m³。现状来水条件下，水文序列的"一致性"被破坏。与 1956～1998 年序列相比，1956～2017 年丹江口水库年径流序列的减少趋势更加显著，主要是由于 4 月、5 月、7～11 月入库径流的减少。同时，丹江口水库年径流序列出现概率最大的状态是枯水状态，其次是丰水、平水状态。年入库径流丰水转丰水、丰水转枯水、平水转枯水、枯水转平水的情况较多，需要水库优化调度方案，能够充分利用调蓄库容来调节年际径流变化，应对水资源丰枯变化，进一步提高供水保证率。

4）基于对冲规则的外调水供水潜力分析

在南水北调中线工程供水区，本书对丹江口水库在原始调度规则、限制下泄调度规则和基于对冲规则的优化调度条件下的北调水量进行分析，研究表明采用基于对冲理论的水库调度规则对丹江口水库进行优化调度，能有效增加陶岔渠首年均调水量 2.6 亿 m³，同时通过在前期抬高两条限制供水线，减小水库降到 150m 死水位的频率，降低水库达到 145m 极限死水位的风险。

本书在外调水供水潜力分析中分别对河南省 2006～2015 调度年沿线水库和河北省沿线水库模型进行研究，结果表明利用现有的渠道条件，不加修连通工程条件下，河南省 5 座调蓄水库多年平均能向中线干渠输水 2.43 亿 m³；加修连接工程，将调蓄水库增加到 8

座，多年平均可向中线总干渠输水 2.70 亿 m³；河北省沿线水库在不损坏水库供水区效益的前提下，通过其非汛期超过兴利库容的蓄水量和汛期汛限水位以上的蓄水量，年均充渠水量可达到 1.8 亿 m³，与此同时，因其库容较大，故为京津地区应急供水提供了便利条件。如果中线总干渠的流量较小，无法满足京津两地的用水需求，河北省沿线水库可以通过联通工程向干渠内充水，增加向京津两地的调水量。

5）外调水对北京供水格局的影响

本书采用改进的 GM（1，1）模型、定额预测和非线性回归模型以及灰色预测等研究方法，以 2000～2014 年北京市社会发展数据和水资源数据为基础，模拟 2015 年北京市可供水总量为 40.66 亿 m³，生活需水量为 17.89 亿 m³，工业需水量为 6.9 亿 m³，以灌溉为主的农业需水量为 4.2 亿 m³，环境需水量为 11 亿 m³。分析研究表明，南水北调中线水进京后改变了当地原有的供水格局，总体上原有的地下水、地表水、再生水使用量均呈下降趋势。其中地下水的供水量减少，再生水中的农业用水占比提高，部分地表水供水量从生活用水转向农业和环境用水；生态环境补水量增加，生活用水中外调水占比最大，工业用水和农业用水中地下水占比显著下降。2015 年北京实际外调水量为 7.6 亿 m³，少于规划的 10 亿 m³，应提高再生水资源的利用率以满足在外调水量少于规划情况下的用户需求；合理减少地表水的供给量，增加北京市内水库蓄水量，降低市内水资源短缺的风险。

6）对冲理论在密云水库调度中的应用

本书以密云水库增加蓄水量前后的两种情形为研究对象，基于对冲理论研究密云水库调水成本和未来缺水风险，分析结果表明目前密云水库的运行方式是一种以调水成本的增加为代价（蒸发和渗漏损失），来减小未来缺水风险的对冲行为。密云水库蓄水量增加能保证丹江口水库和北京市同时遭遇极端枯水年时的供水安全；若北京市在未来遭遇来水频率为 75% 的枯水年时，能提前保证在未来 3 年满足用水需求。目前密云水库的运行规则是密云水库当地水与南水北调中线外调水对冲平衡的典型应用案例，为对冲理论在复杂水源类型的城市水资源供需管理领域的运用提供了参考和借鉴。

7）天津市水资源高效利用

本书分析了对冲规则仅以缺水率平方和为目标函数存在的不足并对目标函数进行改进，以天津市为例，设置不同情景系列，将按 SOP 供水和根据对冲规则按缺水率平方和为目标函数求解的对冲规则曲线供水的结果进行对比，得出对目标函数改进后能在减小破坏性损失的同时能较好减小减产损失的结论。

10.2 展 望

（1）本书在京津冀地区气象要素和径流时空分布规律分析时，年内尺度下只针对降水集中度与降水集中期分别进行讨论且未对二者之间相互作用规律进行分析，尚未在小尺度情况下对其他气象水文要素进行分析。同时，利用 FFT 法求各 IMF 的周期时，采用功率最大周期值作为该 IMF 的平均周期，由于本书原始序列分解出的 IMF 具有多个周期，因此可以采用其他求周期的方法对其精度进行校验。

（2）本书在研究丹江口水库入库径流变化规律时，年际年内变化特征、入库径流趋势及丰枯研究都仅仅选用了一种研究方法，缺少不同方法之间的相互印证。丹江口水库的供水潜力研究是在最大限度地提高北调流量，而较少考虑水库综合利用的其他效益，需要在未来的研究中进一步考虑综合利用效率，尤其是发电效益，仅仅注重北调水量的增加，会引发区域间的一些争执。

（3）本书在缺水时按用水户依次限制供水，生活、工业、农业和生态限制供水的程度依次为 5%、20%、20%，认为生活、工业、农业和生态缺水率分别超过 5%、20%、20% 有可能造成破坏性损失，例如农业缺水超 20% 则可能会发生作物枯死，工业缺水超 20% 则可能会发生工厂倒闭，但农业的作物种类较多，抗旱性存在差异，不同工厂受缺水的影响也有差异，因此，未来可以对农作物不同种类的抗旱性、工厂受缺水的影响程度进行深入研究，制定较合理的参数。在以天津市为例研究了城市复杂供水网络情形下，在干旱期对冲规则减小缺水的破坏性损失和减产损失，实际上，可根据不同地区的实际情况做相应改动以推广应用于京冀等许多其他外调水受水区。

（4）本书在基于对冲规则的外调水供水潜力分析时应将南水北调中线工程沿线所有省份均考虑在内，拔高研究完整性；在外调水高效利用分析中暂未考虑北京市和河北省，在后续研究中应完善这一部分。

参 考 文 献

安艳秋．2016．浅析南水北调通水后引滦水资源优化配置．科技经济导刊，(21)：106．

曹希盈．2017．引黄济津潘庄线路输水风险与对策．山东水利，(8)：51，53．

曹永强，路璐，张亭亭，等．2013．基于降水集中度和集中期的浙江省降水时空变化特征分析．资源科学，35 (5)：1001-1006．

陈方远．2015．京津冀地区主要城市气候变化及其原因分析．南京：南京信息工程大学．

程忠良，刘勇，高成，等．2018．基于马氏距离判别的丹江口水库长期径流分级预报．中国农村水利水电，(7)：1-4．

崔永伟，杜聪慧．2012．生产函数理论与函数形式的选择研究．中国管理科学（专辑），20：67-73．

代冬芳．2006．河北省农产品比较优势及国际贸易发展策略研究．天津：河北工业大学．

党耀国，刘思峰，刘斌．2005．以 $x^{(1)}(n)$ 为初始条件的 GM 模型．中国管理科学，13 (1)：132-135．

丁伟．2016．水库汛期防洪与兴利协调控制模型及应用研究．大连：大连理工大学．

丁瑶．2015．非平稳随机水文序列的游程分析．重庆：重庆交通大学．

丁志宏．2008．南水北调西线工程水源系统径流特征及供水风险问题的研究．天津：天津大学．

丁志宏，唐肖岗，杨婷．2017．南水北调通水后的海河流域水资源配置与调度管理研究工作若干思考．海河水利，(3)：1-7．

董奋义，田军．2007．背景值和初始条件同时优化的 GM(1，1) 模型．系统工程与电子技术，29 (3)：464-466．

董毅，梁秀娟，肖长来，等．2019．基于 Bossel 指标体系的梨树县地下水资源可持续利用评价．水力发电，45 (1)：9-12．

杜艳萍，王立平，王爱庆，等．2020．京津冀地区水资源一体化配置研究——基于统计学分析视角．经济研究导刊，(7)：48-49．

冯尚友，刘国全．1997．水资源持续利用的框架．水科学进展，8 (4)：301-307．

冯尚友，刘国全，梅亚东．1995．水资源生态经济复合系统及其持续发展．武汉水利电力大学学报，28 (6)：624-629．

耿万东．2007．丹江口水库可调出水量研究．郑州：郑州大学．

龚杰，李卫利．2009．河北省耕地质量变化对粮食单产的影响研究．经济论坛，(17)：68-70．

顾文权，邵东国，黄显峰，等．2008．基于自优化模拟技术的水库供水风险分析方法及应用．水利学报，39 (7)：788-793．

郭靖，郭生练，陈华，等．2008．丹江口水库未来径流变化趋势预测研究．南水北调与水利科技，6 (4)：78-82．

郭盈盈．2016．平顶山市水资源优化配置研究．郑州：郑州大学．

胡敏锐，王旭辉．2021．优化供水格局受益人口增至 7900 万南水北调中线工程累计调水 400 亿立方米．中国水利，（14）：8-11．

胡泽华．2016．北京市水资源优化配置方案比选．北京：华北电力大学．

胡振鹏，冯尚友．1988．汉江中下游防洪系统实时调度的动态规划模型和前向卷动决策方法．水利水电技术，（1）：2-10．

黄燕敏，张双虎，蒋云钟，等．2010．丹江口水库水资源调度模型及方法研究．中国水利水电科学研究院学报，8（3）：187-194．

季贺成．2015．1982—2012 年北京市气温变化特征分析．现代农业科技，（7）：259-261．

蒋艳．2006．塔里木河流域水文过程分析与模拟．北京：中国科学院大学．

李斌，解建仓，胡彦华，等．2016．西安市近 60 年降水量和气温变化趋势及突变分析．南水北调与水利科技，14（2）：55-61．

李春丽，别君霞．2009．引滦入津供水工程建设与效益．四川水利，（5）：37-40．

李浩君，张鹏威，刘中锋，等．2018．采用二次强化学习策略的多目标粒子群优化算法．小型微型计算机系统，39（11）：2413-2418．

李红薇．2017．基于 DPSIR 模型的松原市水资源可持续利用评价．长春：吉林大学．

李俊峰，戴文战．2004．基于插值和 newton-cores 公式的 GM（1，1）模型的背景值构造新方法与应用．系统工程理论与实践，24（10）：122-126．

李宁宁，王丽萍，吴嘉杰，等．2020．基于空间风险对冲思想的梯级水库蓄洪模式研究．中国农村水利水电，（9）：138-142，147．

李韧，聂春霞．2019．基于系统动力学的乌鲁木齐市水资源配置方案优选．中国农村水利水电，（10）：99-104，110．

李斯颖，张秀平．2019．南昌市水资源可持续利用评价研究．水资源研究，8（5）：473-482．

李小莉．2019．林家村水库调蓄中存在问题及对策探析．地下水，41（4）：199，218．

李扬松．2019．对冲规则在外调水受水区的应用研究——以天津市为例．北京：华北电力大学．

李志林．2018．基于系统动力学的卫运河区域水资源优化配置研究．天津：天津大学．

林豪栋．2020．基于 SWAT 模型的京津冀地区地表径流模拟研究．长春：吉林大学．

刘昌明，杜伟．1987．农业水资源配置效果的计算分析．自然资源学报，2（1）：9-19．

刘焕龙，2020．京津冀水资源可持续利用评价与水资源配置研究．北京：华北电力大学．

刘建朝．2013．京津冀城市群产业优化与城市进化协调发展研究．天津：河北工业大学．

刘丽芳，刘昌明，王中根，等．2015．HIMS 模型蒸散发模块的改进及在海河流域的应用．中国生态农业学报，23（10）：1339-1347．

刘宁．2016．基于水足迹的京津冀水资源合理配置研究．北京：中国地质大学（北京）．

刘伟东，张本志，尤焕苓，等．2014．1978—2008 年城市化对北京地区气温变化影响的初步分析．气象，40（1）：94-100．

刘晓，王红瑞，俞淞，等．2015．南水北调进京后的北京市水资源短缺风险研究．水文，35（4）：55-61．

罗敏逊．1981．丹江口水库汉江回水变动区河床演变初步分析．泥沙研究，（4）：19-37．

罗佑新．2010．非等间距新息 GM（1，1）的逐步优化模型及其应用．系统工程理论与实践，30（12）：2254-2258．

马巍，班静雅，彭文启，等．2016．密云水库水源安全保障对策研究．中国水利水电科学研究院学报，14（6）：419-424．

门宝辉，刘昌明．2013．河道内生态需水量计算生态水力半径模型及其应用．北京：中国水利水电出版社．

门宝辉，刘焕龙．2018．基于模糊集对分析的京津冀水资源可持续利用评价．华北水利水电大学学报（自然科学版），39（4）：79-88．

门宝辉，尚松浩．2018．水资源系统优化原理与方法．北京：科学出版社．

门宝辉，孙述海．2022．水文随机分析．北京：科学出版社．

门宝辉，李扬松，吴智健，等．2018a．对冲规则在外调水和当地水供水调度中的应用．水电能源科学，36（11）：34-37．

门宝辉，吴智健，田巍．2018b．南水北调中线水进京后对当地供水格局的影响．水电能源科学，36（12）：21-24，29．

门宝辉，吴智健，刘焕龙，等．2021．对冲理论在密云调蓄工程中的应用．应用基础与工程科学学报，29（6）：1440-1449．

门宝辉，吴明明，刘灿均，等．2023．基于知识粒度–属性重要度的水资源可持续利用评价：以北京市为例．人民长江，54（5）：47-52，60．

孟秀敬，张士锋，张永勇．2012．河西走廊 57 年来气温和降水时空变化特征．地理学报，67（11）：1482-1492．

闵骞，张万琨．2003．水库水面蒸发量计算方法的研究．水力发电，29（5）：35-40．

潘莉．2016．南水北调北京受水区供水调适与管理．北京：中国矿业大学（北京）．

彭安邦，马涛，刘九夫，等．2021．考虑生态补水目标的丹江口水库供水调度研究．水文，41（3）：82-87．

齐子超．2011．南水北调来水条件下北京市多水源联合调度研究．北京：清华大学．

阮本清，韩宇平，高季章，等．2005．南水北调中线工程向黄河相机补水量分析．水利学报，（1）：22-27．

苏心玥，于洋，赵建世，等．2019．南水北调中线通水后北京市辖区间水资源配置的博弈均衡．应用基础与工程科学学报，27（2）：239-251．

苏秀峰．2013a．对引黄济津新线路三年运用情况的研究．水利发展研究，（10）：52-54，71．

苏秀峰．2013b．引黄济津（潘庄线路）关键调度技术探析．中国水利，（6）：31-33．

万仕全．2010．中国降水与温度极值的时空分布规律模拟．兰州：兰州大学．

王厥谋．1985．丹江口水库防洪优化调度模型简介．水利水电技术，（8）：54-58．

王文圣，丁晶，向红莲．2002．小波分析在水文学中的应用研究及展望．水科学进展，13（4）：515-520．

王晓霞，徐宗学，纪一鸣，等．2010．海河流域降水量长期变化趋势的时空分布特征．水利规划与设计，

（1）：35-38.

王元超，王旭，雷晓辉，等．2015. 丹江口水库入库径流特征及其演变规律．南水北调与水利科技，13（1）：15-19.

吴智健．2020. 南水北调中线工程供水潜力与外调水高效利用研究．北京：华北电力大学．

伍玉良．2018. 近60年京津冀地区水资源时空演变分析．济南：济南大学．

夏军，翟金良，占车生．2011. 我国水资源研究与发展的若干思考．地球科学进展，26（9）：905-915.

邢万秋，王卫光，邵全喜，等．2014. 未来气候情景下海河流域参考蒸发蒸腾量预估．应用基础与工程科学学报，22（2）：239-251.

徐敏，赵康平，王东，等．2018. 京津冀区域水环境质量改善一体化方案研究．环境保护，46（17）：35-39.

徐宗学，张玲，阮本清．2006. 北京地区降水量时空分布规律分析．干旱区地理，29（2）：186-192.

许继军．2021. 新时期南水北调工程战略功能定位与发展思路研究．中国水利，（11）：12-14.

闫志宏，王树谦，刘彬，等．2019. 改进飞蛾火焰算法在多目标水资源优化配置中的应用．中国农村水利水电，（7）：53-59，65.

杨光，郭生练，李立平，等．2015. 考虑未来径流变化的丹江口水库多目标调度规则研究．水力发电学报，34（12）：54-63.

杨红秀．2005. 汾河水库蒸发渗漏水量损失分析计算．山西水利科技，（4）：34-36.

杨江州，蔡振饶，张继，等．2018. 遵义市水资源可持续利用评价研究．贵州科学，36（3）：40-45.

姚亭亭，刘苏峡．2021. 京津冀水资源利用多效率指标的变化特征比较．地理科学进展，40（7）：1195-1207.

银星黎．2019. 基于改进多目标鲸鱼算法的水库群供水–发电–生态优化调度研究．武汉：华中科技大学．

尤祥瑜，谢新民，孙仕军，等．2004. 我国水资源配置模型研究现状与展望．中国水利水电科学研究院学报，2（2）：131-140.

于占江．2019. 气候变化对京津冀水资源的影响及对策．南京：南京信息工程大学．

袁德宝，崔希民，高宁．2013. 同时利用 $x^{(1)}(1)$ 和 $x^{(1)}(n)$ 为 GM（1，1）建模初始条件的预测方法研究．大地测量与地球动力学，33（3）：79-82.

袁罗，葛洪伟．2019. 基于随机鞭策机制的散漫度粒子群算法．计算机工程与应用，55（4）：66-71，90.

曾超，吴云，杨侃，等．2020. 考虑不确定性的水库供、蓄水调度方法研究．人民黄河，42（7）：46-50.

张弛，陈晓贤，李昱，等．2018. 跨流域引水受水水库最优调度决策的理论分析．水科学进展，29（4）：492-504.

张健，章新平，王晓云，等．2010. 近47年来京津冀地区降水的变化．干旱区资源与环境，24（2）：74-80.

张丽丽，殷峻暹．2010. 南水北调中线工程受水区生态补水目标及优先级研究．水资源保护，26（4）：4-7.

张利平，夏军，胡志芳．2009. 中国水资源状况与水资源安全问题分析．长江流域资源与环境，18（2）：116-120.

张利茹，贺永会，唐跃平，等．2017．海河流域径流变化趋势及其归因分析．水利水运工程学报，（4）：59-66．

张娜妮．2014．基于风险对冲规则的两阶段水库调度模型研究．武汉：华中科技大学．

张珮纶．2018．基于空间风险对冲的区域限制供水规则研究．中国水利水电科学研究院．

张瑞麟．2015．北京市降水年内分配特征量化研究．水电能源科学，33（12）：9-13．

张晓烨，董增川，王聪聪．2012．河北省南水北调受水区水资源优化配置研究．水电能源科学，30（9）：36-39．

张雪飞．2006．唐山市区水资源优化配置研究．北京：北京工业大学．

张蕴博．2018．基于系统动力学的京津冀水资源一体化优化配置研究．邯郸：河北工程大学．

章燕喃，田富强，胡宏昌，等．2014．南水北调来水条件下北京市多水源联合调度模型研究．水利学报，45（7）：844-849．

郑祚芳，曹晓彦，曹鸿兴，等．2005．北京市气温和降水的长程变化特征//中国气象学会．中国气象学会2005年年会论文集 气象科技与社会经济可持续发展．北京：气象出版社．

钟巧．2017．基于系统动力模型的焉耆盆地水资源优化配置研究．乌鲁木齐：新疆师范大学．

仲志余，刘国强，吴泽宇．2018．南水北调中线工程水量调度实践及分析．南水北调与水利科技，16（1）：95-99，143．

周棣华．1993．丹江口水利枢纽的综合利用调度．人民长江，24（12）：7-11，57．

周文娟，赵礼峰．2019．基于ACO-PSO自适应的划分聚类算法．计算机技术与发展，29（2）：90-95．

朱拥军，苏炳凯，周叶芳．2005．黄河中上游流域降水量的时空特征及其对三门峡库区水沙量的影响．干旱区地理，28（3）：282-287．

Abadi L S K, Shamsai A, Goharnejad H. 2015. An analysis of the sustainability of basin water resources using Vensim model. Ksce Journal of Civil Engineering, 19 (6): 1941-1949.

Benninga S, Eldor R, Zilcha I. 1985. Optimal international hedging in commodity and currency forward markets. Journal of International Money and Finance, 4: 537-552.

Binder C, Schertenleib R, Diaz J, et al. 1997. Regional water balance as a tool for water management in developing countries. International Journal of Water Resources Development, 13 (1): 5-20.

Biswas M R, Biswas A K. 1982. Environment and sustained development in the Third World: A Review of the past Decade. Third World Querterly, 4 (3): 479-491.

Chang L C, Chang F J, Wang K W, et al. 2010. Constrained genetic algorithms for optimizing multi- use reservoir operation. Journal of Hydrology, 390 (1): 66-74.

Chen L, Mcphee J, Yeh W W G. 2007. A diversified multiobjective GA for optimizing reservoir rule curves. Advances in Water Resources, 30 (5): 1082-1093.

Dariane A B, Karami F. 2014. Deriving hedging rules of multi- reservoir system by online evolving neural networks. Water Resources Management, 28 (11): 3651-3665.

Deng L X, Chen S L, Karney B. 2012. Comprehensive evaluation method of urban water resources utilization based on dynamic reduct. Water Resources Management, 26 (10): 2733-2745.

Draper A J. 2001. Implicit stochastic optimization with limited foresight for reservoir systems. California: University of California, PhD thesis.

Draper A J, Lund J R. 2004. Optimal hedge and carryover storage value. Journal of Water Resources Planning and Management, 130: 83-87.

Elliott M, Burdon D, Atkins J P, et al. 2017. "And DPSIR begat DAPSI（W）R（M）!"- A unifying framework for marine environmental management. Marine Pollution Bulletin, 118（1-2）: 27-40.

Faezipour M, Ferreira S. 2018. A system dynamics approach for sustainable water management in hospitals. IEEE Systems Journal, 12（2）: 1278-1285.

Fayaed S S, El-Shafie A, Jaafar O. 2013. Reservoir-system simulation and optimization techniques. Stochastic Environmental Research and Risk Assessment, 27（7）: 1751-1772.

Forrester J W. 1961. Industrial Dynamics. Cambridge Massachusetts: MIT Press.

Guo X N, Hu T S, Zhang T, et al. 2012. Bilevel model for multi-reservoir operating policy in inter-basin water transfer-supply project. Journal of Hydrology, 424-425: 252-263.

Hsu N S, Chiang C H, Cheng W M, et al. 2012. Study on the trade-off between ecological base flow and optimized water supply. Water Resources Management, 11（26）: 3095-3112.

Huang N E, Shen Z, Long S R, et al. 1998. The empirical mode decomposition and the Hilbert spectrum for nonlinear and non-stationary time series analysis. Proceedings of The Royal Society A Mathematical Physical and Engineering Sciences , 454（1971）: 903-995.

Hurst H E. 1951. The long-Term Storage Capacity of Reservoirs. Transcactions of the American Society of Civil Engineers, 116（1）: 770-799.

Ismaiylov G K, Fedorov V M, Yasser M R. 2013. Modeling of operation regime of Aswan water management complex on the Nile River. Water Resources, 40（3）: 354-369.

Jago-On K A B, Kaneko S, Fujikura R, et al. 2009. Urbanization and subsurface environmental issues: An attempt at DPSIR model application in Asian cities. Science of the Total Environment, 407（9）: 3089-3104.

Jain N K, Nangia U, Jain J. 2018. A review of particle swarm optimization. Journal of The Institution of Engineers（India）: Series B, 99（4）: 407-411.

Karamouz M, Moridi A, Kerachian R, et al. 2005. Conflict resolution in water allocation considering the water quality issues. New Delhi, India: Impacts of Global Climate Change−Proceedings of the 2005 World Water and Environmental Resources Congress.

Kendall M G. 1948. Rank correlation methods. British Journal of Psychology, 25: 86-91.

Khan N M, Babel M S, Tingsanchali T, et al. 2012. Reservoir optimization-simulation with a sediment evacuation model to minimize irrigation deficits. Water Resources Management, 26（11）: 3173-3193.

Kim T, Heo J-H. 2006. Application of multi-objective genetic algorithms to multireservoir system optimization in the Han River basin. KSCE Journal of Civil Engineering, 10（5）: 371-380.

Kotir J H, Smith C, Brown G, et al. 2016. A system dynamics simulation model for sustainable water resources management and agricultural development in the Volta River Basin, Ghana. Science of the Total Environment,

573：444-457.

Kumar D N, Reddy M J. 2006. Ant colony optimization for multi-purpose reservoir operation. Water Resources Management, 20 (6)：879-898.

Li Y Y, Cui Q, Li C H, et al. 2017. An improved multi-objective optimization model for supporting reservoir operation of China's South-to-North Water Diversion Project. Science of the Total Environment, 575：970-981.

Liu D D, Guo S L, Shao Q X, et al. 2018. Assessing the effects of adaptation measures on optimal water resources allocation under varied water availability conditions. Journal of Hydrology, 556：759-774.

Man H B. 1945. Nonparametric tests against trend. Econometrica, 13 (3)：245-259.

Manju A, Nigam M J. 2014. Applications of quantum inspired computational intelligence：A survey. Artificial Intelligence Review, 42 (1)：79-156.

Massé P. 1946. Les Réserves et La Régulation de l'avenir Dans La Vie économique I Avenir Déterminé II Avenir Aléatoire. Paris：Hermann & Cie.

Men B H, Liu H L. 2018. Evaluation of sustainable use of water resources in the Beijing-Tianjin-Hebei Region based on S-type functions and set pair analysis. Water, 10 (7)：925.

Men B H, Liu H L, Tian W, et al. 2017. Evaluation of sustainable use of water resources in Beijing based on rough set and fuzzy theory. Water, 9 (11)：852.

Men B H, Wu Z J, Liu H L, et al. 2019a. Research on hedging rules based on water supply priority and benefit loss of water shortage-A case study of Tianjin, China, Water, 11 (4)：778.

Men B H, Wu Z J, Li Y S, et al. 2019b. Reservoir operation policy based on joint hedging rules. Water, 11 (3)：419.

Neelakantan T R, Pundarikanthan N V. 1999. Hedging rule optimisation for water supply reservoirs system. Water Resources Management, 13 (6)：409-426.

Pereira M, Desassis N. 2018. Efficient simulation of Gaussian Markov random fields by Chebyshev polynomial approximation. Spatial Statistics, 31：100359.

Plate E J. 1993. Sustainabledevelopment of water resources：a challenge to science and engineering. Water International, 18 (2)：84-94.

Ravar Z, Zahraie B, Sharifinejad A, et al. 2020. System dynamics modeling for assessment of water-food-energy resources security and nexus in Gavkhuni basin in Iran. Ecological Indicators, 108：105682.

Salvati L, Carlucci M. 2014. A composite index of sustainable development at the local scale：Italy as a case study. Ecological Indicators, 43：162-171.

Shiau J T. 2009. Optimization of reservoir hedging rules using multi-objective genetic algorithm. Journal of Water Resources Planning and Management, 135 (5)：355-363.

Shiau J T, Lee H C. 2005. Derivation of optimal hedging rules for a water-supply reservoir through compromise programming. Water Resources Management, 19 (2)：111-132.

Shih J S, ReVelle C. 1995. Water supply operations during drought：A discrete hedging rule. European Journal of Operational Research, 82：163-175.

Spiliotis M, Mediero L, Garrote L. 2016. Optimization of hedging rules for reservoir operation during droughts based on particle swarm optimization. Water Resources Management, 30 (15): 5759-5778.

Srikul C, Sukawat D. 2012. An empirical orthogonal function (EOF) analysis of Southeast Asian summer monsoon decomposition. Far East Journal of Applied Mathematics, 68 (1): 55-71.

Srinivasan K, Philipose M C. 1998. Effect of hedging on over-year reservoir performance. Water Resources Management, 12 (2): 95-120.

Stamou A T, Rutschmann P. 2018. Optimization of water resources using the Nexus approach. Water Resources Management, 32 (15): 5053-5065.

Su X L, Li J F, Singh V P. 2014. Optimal allocation of agricultural water resources based on virtual water subdivision in Shiyang River Basin. Water Resources Management, 28 (8): 2243-2257.

Sun S K, Yang Y B, Liu J, et al. 2016. Sustainability assessment of regional water resources under the DPSIR framework. Journal of Hydrology, 532: 140-148.

Tan Q F, Wang X, Wang Hao, et al. 2017. Derivation of optimal joint operating rules for multi-purpose multi-reservoir water-supply system. Journal of Hydrology, 551: 253-264.

Tang D S. 1995. Optimal allocation of water resources in large river basins: I. Theory. Water Resources Management, 9 (1): 39-51.

Tatano H, Okada N, Kawai H. 1992. Optimal operation model of a single reservoir with drought duration explicitly concerned. Stochastic Hydrology and Hydraulics, 6 (2): 123-134.

Wang J W, Yuan X H, Zhang Y C, et al. 2003. A reliability and risk analysis system for multipurpose reservoir operation. Environmental Fluid Mechanics, 3 (4): 289-303.

Wang T X, Xu S G. 2015. Dynamic successive assessment method of water environment carrying capacity and its application. Ecological Indicators, 52: 134-146.

Watanabe H, Nakagawa Y, Hagihara Y. 1981. A study of multi-objective aspects of dynamic water resource allocation. Papers of the Regional Science Assoctation, 46 (1): 15-30.

Wu Z H, Huang N E, Long S R, et al. 2007. On the trend, detrending, and the variability of nonlinear and nonstationary time series. Proceedings of the National Academy of Sciences of the United States of America, 104 (38): 14889-14894.

Xu B, Zhong P A, Wu Y N, et al. 2017a. A multiobjective stochastic programming model for hydropower hedging operations under inexact information. Water Resources Management, 31 (14): 4649-4667.

Xu B, Zhong P A, Huang Q Y, et al. 2017b. Optimal hedging rules for water supply reservoir operations under forecast uncertainty and conditional value-at-risk criterion. Water, 9: 568.

Xu Z X, Takeuchi K, Ishidaira H. 2002. Long-term trends of annual temperature and precipitation time series in Japan. Journal of Hydroscience and Hydraulic Engineering, 20 (2): 11-26.

Yeh C L, Chang H C, Wu C H, et al. 2010. Extraction of single-trial cortical beta oscillatory activities in EEG signals using empirical mode decomposition. BioMedical Engineering Online, 9 (1): 9-25.

You J Y. 2008. Hedging Rule for Reservoir Operation: How Much, When and How Long to Hedge. Illinois: University of Illinois at Urbana-Champaign, PhD thesis.

You J Y, Cai X M. 2008. Hedging rule for reservoir operations: 1. A theoretical analysis. Water Resources Research, 44, W01415.

Zhang S H, Xiang M S, Yang J S, et al. 2019. Distributed hierarchical evaluation and carrying capacity models for water resources based on optimal water cycle theory. Ecological Indicators, 101: 432-443.

Zhao T T G, Zhao J S, Lei X H, et al. 2017. Improved dynamic programming for reservoir flood control operation. Water Resources Management, 31 (7): 2047-2063.

附　　录

附表1　南水北调中线一期工程分段流量与分水口门　　　　（单位：m³/s）

设计单元	序号	名称	供水范围	渠道设计流量	渠道加大流量	设计分水流量
淅川段	1	肖楼	刁河灌区	350	420	
	2	望城岗	邓州市区、新野县城	350	420	6
	3	彭家	邓州赵集镇	350	420	1
镇平段	4	谭寨	镇平县城	340	410	1
南阳市段	5	姜沟	南阳市西城区及白河以南城区	340	410	2.5
	6	田洼	南阳市西北部城区、升龙工业园区、兰营水库充库	340	410	5
	7	大寨	南阳市北部城区	340	410	2
方城段	8	半坡店	社旗县城、唐河县城	330	400	4
	9	十里庙	方城县城	330	400	1.5
叶县段	10	辛庄	漯河、舞阳、周口、商水	330	400	9
鲁山南2段	11	澎河	平顶山市区、叶县、白龟山充库	320	380	26
鲁山北段	12	张庄	鲁山县	320	380	1
宝丰至郏县段	13	马庄	平顶山新城区	320	380	3
	14	高庄	宝丰县、平顶山市石龙区	320	380	1.5
	15	赵庄	郏县	315	375	1
禹州长葛段	16	宴窑	襄城县	315	375	1
	17	任坡	禹州市、神垕镇	315	375	2
	18	孟坡	许昌市、临颍县	315	375	8
	19	洼李	长葛市	305	365	2
潮河段	20	李垌	新郑市、老观寨、望京楼水库充库	305	365	4
	21	小河刘	新郑机场、中牟县	295	355	6
郑州2段	22	刘湾	郑州市东南区	295	355	5
	23	密垌	郑州市尖岗水库	285	345	6
郑州1段	24	中原西路	郑州市西部和东北部、常庄水库充库	285	345	11

设计单元	序号	名称	供水范围	渠道设计流量	渠道加大流量	设计分水流量
荥阳段	25	前蒋寨	荥阳市	265	320	3
	26	上街	郑州市上街区	265	320	1
温博段	27	北冷	温县县城	265	320	2
	28	北石涧	武陟县城、博爱县城	265	320	1
焦作1段	29	府城	焦作市新区	265	320	4
焦作2段	30	苏蔺	焦作市老区	265	320	5
	31	白庄	修武县城	260	310	1
辉县段	32	郭屯	获嘉县	260	310	1.5
	33	路固	辉县市	260	310	2
新乡和卫辉段	34	老道井	新乡市、新乡县	260	310	12
	35	温寺门	卫辉市	250	300	2
鹤壁段	36	袁庄	淇县	250	300	2
	37	三里屯	鹤壁新区、浚县、滑县、濮阳市、清丰县	250	300	13
	38	刘庄	鹤壁新区、淇滨区	245	280	3
汤阴段	39	董庄	汤阴县、内黄县	245	280	3
安阳段	40	小营	安阳市新城区	245	280	8
	41	南流寺	安阳市、安阳县	245	280	7
磁县段	42	于家店	磁县	235	265	2
	43	白村	马头电厂、成安、肥乡、广平、馆陶、临漳、魏县、大名、肥乡工业园区、馆陶工业园区、马城区	235	265	6
邯郸市至邯郸县段	44	下庄	邯钢、邯郸县	235	265	5
	45	郭河	邯郸市、纵横钢铁	235	265	8
	46	三陵（左）	邯郸县三陵工业区	230	250	0.5
永年县段	47	吴庄	永年、鸡泽、曲周、邱县、永年西南工业区、永年标准件工业区、广府	230	250	2
沙河市	48	赞善	南宫市、沙河市、沙河市高新区、沙河市金百家、南和、任县、平乡、巨鹿、广宗、威县、清河、临西、新河	230	250	10
邢台市	49	邓家庄	151电厂（兴泰电厂）、东汪产业园区	230	250	2
	50	南大郭	邢台市、邢台县	230	250	8

设计单元	序号	名称	供水范围	渠道设计流量	渠道加大流量	设计分水流量
邢台县和内丘县段	51	刘家庄	内邱	220	240	1
临城段	52	北盘石（左）	临城	220	240	0.5
	53	黑沙村	宁晋、柏乡、隆尧、华龙工业区、大曹庄	220	240	2
高邑至元氏县段	54	沛河	高邑	220	240	1
	55	北马(泵)	赞皇（五马山工业园）	220	240	0.5
	56	赵同	元氏、赵县	220	240	3
	57	万年	栾城、窦妪工业区	220	240	2
鹿泉市段	58	上庄	石家庄市	220	240	5
	59	新增上庄	绿岛开发区、西部生态新区	220	240	1.8
石家庄市段	60	南新城	鹿泉市	220	240	1.5
古运河枢纽工程	61	田庄	石家庄市、良村开发区、高新区、辛集、藁城、晋州、安平县、饶阳县、深州市、武强县、阜城、景县、衡水市区、工业新区、滨湖新区、冀州市、枣强县、故城县、武邑县、交河镇、泊头市、东光、吴桥、青县、南皮、孟村、海兴、盐山、沧州市、渤海新区、黄骅市、采油三厂	220	240	63.2
北段其他工程	62	永安	正定、无极、深泽、北苏工业园、正定新区	170	200	5
	63	西名村	新乐	165	190	2
	64	留营	国华电厂	165	190	2
	65	中管头	定州、定州产业园区、安国、蠡县、博野、高阳、任丘、河间、献县、肃宁、文安、大城、华北油田	155	180	20
	66	曲阳	曲阳	135	160	
	67	大寺城涧	唐县、望都	135	160	2
	68	高昌	保定市、清苑	135	160	3
	69	塔坡	顺平	135	160	1
	70	郑家佐	保定市、满城、大王店产业园区	135	160	12
	71	刘庄	徐水县刘庄	125	150	0.5
	72	西黑山	天津沿线和天津市	125	150	50

设计单元	序号	名称	供水范围	渠道设计流量	渠道加大流量	设计分水流量
北段其他工程	73	荆轲山	易县	60	70	2
	74	下车亭	涞水、高碑店、定兴	60	70	3
	75	三岔沟	涿州市、廊坊市、固安、永清、松林店、固安工业园区	60	70	11
北京段其他工程	76	房山	房山新城城关地区	50	60	2
	77	燕化	燕山地区	50	60	5
	78	良乡	房山新城良乡地区	50	60	3.5
	79	王佐	丰台区长辛店组团	50	60	1
	80	长辛店	丰台长辛店地区	50	60	2.7
永定河倒虹吸	81	南干渠	北京市南部和东南部	30	35	35
西四环暗涵	82	新开渠左	海淀区	30	35	5
	83	永引渠左	海淀区	30	35	10
	84	永引渠右	海淀区	30	35	10
	85	水源三厂	北京中心城西部地区	30	35	1.8
	86	团城湖				
保定市1段	87	徐水县郎五庄南	徐水县城	50	60	1
	88	容城县北城南	容城县城、安新县城	50	60	1
	89	高碑店市白沟	高碑店市、白沟工业区	50	60	0.7
保定市2段	90	雄县口头	雄县县城	50	60	0.5
廊坊市段	91	固安县王铺头	固安县	50	60	0.1
	92	霸州市三号渠东	霸州市	50	60	2.1
	93	永清县西辛庄西	永清县	47	57	0.1
	94	霸州市信安	霸州市胜芳工业区	47	57	1.9
	95	安次区得胜口	安次区	45	55	0.1

设计单元	序号	名称	供水范围	渠道设计流量	渠道加大流量	设计分水流量
天津市1段	96	王庆坨连接井	王庆坨水库方向	45	55	25
	97	子牙河北分流井	至天津干线出口闸（市内配套南干线）	45	55	18/28
			市内配套西干线（西河泵站方向）			27
			子牙河相机分水			5
			子牙河退水规模			28